·过鱼设施丛书·

基于鱼类游泳行为特性的
鱼道水力学研究

吴一红　穆祥鹏　韩　瑞　白音包力皋　著

科 学 出 版 社

北 京

内 容 简 介

本书较系统地阐述鱼类游泳行为特性及过鱼设施的水力学问题，主要包括鱼类游泳能力试验方法及典型鱼种的游泳能力指标，鱼类上溯游泳行为对水动力因子的响应特性，基于个体的鱼类上溯数学模型，诱鱼水流条件，光、声、气泡幕等非常规驱/诱鱼技术等。本书是在中国水利水电科学研究院水力学研究所多年研究成果积累的基础上撰写而成。书中部分图片彩图请扫图旁二维码。本书部分插图附有彩图二维码，扫码可见。

本书可作为水利水电、航运、环境保护等行业专业技术人员的参考用书，还可作为高等院校相关专业教师及研究生的学习参考书。

图书在版编目（CIP）数据

基于鱼类游泳行为特性的鱼道水力学研究/吴一红等著. —北京：科学出版社，2023.11
 （过鱼设施丛书）
 ISBN 978-7-03-076860-5

Ⅰ.① 基⋯ Ⅱ.① 吴⋯ Ⅲ.①鱼道－水力学－研究 Ⅳ.①S956.3
②TV135.9

中国国家版本馆 CIP 数据核字（2023）第 211326 号

责任编辑：闫　陶　张　湾/责任校对：高　嵘
责任印制：彭　超/封面设计：无极书装

科学出版社 出版
北京东黄城根北街 16 号
邮政编码：100717
http://www.sciencep.com
武汉市首壹印务有限公司印刷
科学出版社发行　各地新华书店经销
*
开本：787×1092　1/16
2023 年 11 月第 一 版　印张：10
2023 年 11 月第一次印刷　字数：237 000
定价：98.00 元
（如有印装质量问题，我社负责调换）

"过鱼设施丛书"编委会

"过鱼设施丛书"序

拦河大坝的修建是人类文明高速发展的动力之一。但是，拦河大坝对鱼类等水生生物洄游通道的阻隔，以及由此带来的生物多样性丧失和其他次生水生态问题，又长期困扰着人类社会。300多年前，国际上就将过鱼设施作为减缓拦河大坝阻隔鱼类洄游通道影响的措施之一。经过200多年的实践，到20世纪90年代中期，过鱼效果取得了质的突破，过鱼对象也从主要关注的鲑鳟鱼类，扩大到非鲑鳟鱼类。其后，美国所有河流、欧洲莱茵河和澳大利亚默里-达令流域，都从单一工程的过鱼设施建设扩展到全流域水生生物洄游通道恢复计划的制订。其中：美国在构建全美河流鱼类洄游通道恢复决策支持系统的基础上，正在实施国家鱼道项目；莱茵河流域在完成"鲑鱼2000"计划、实现鲑鱼在莱茵河上游原产卵地重现后，正在筹划下一步工作；澳大利亚基于所有鱼类都需要洄游这一理念，实施"土著鱼类战略"，完成对从南冰洋的默里河河口沿干流到上游休姆大坝之间所有拦河坝的过鱼设施有效覆盖。

我国的过鱼设施建设可以追溯到1958年，在富春江七里垄水电站开发规划时首次提及鱼道。1960年在兴凯湖建成我国首座现代意义的过鱼设施——新开流鱼道。至20世纪70年代末，逐步建成了40余座低水头工程过鱼设施，均采用鱼道形式。不过，在1980年建成湘江一级支流涞水的洋塘鱼道后，因为在葛洲坝水利枢纽是否要为中华鲟等修建鱼道的问题上，最终因技术有效性不能确认而放弃，我国相关研究进入长达20多年的静默期。进入21世纪，我国的过鱼设施建设重新启动并快速发展，不仅目前已建和在建的过鱼设施超过200座，产生了许多国际"第一"，如雅鲁藏布江中游的藏木鱼道就拥有海拔最高和水头差最大的双"第一"。与此同时，鱼类游泳能力及生态水力学、鱼道内水流构建、高坝集诱鱼系统与辅助鱼类过坝技术、不同类型过鱼设施的过鱼效果监测技术等相关研究均受到研究人员的广泛关注，取得丰富的成果。

2021年10月，中国大坝工程学会过鱼设施专业委员会正式成立，标志我国在拦河工程的过鱼设施的研究和建设进入了一个新纪元。本人有幸被推选为专委会的首任主任委员。在科学出版社的支持下，本丛书应运而生，并得到了钮新强院士为首的各位专家的积极响应。"过鱼设施丛书"内容全面涵盖"过鱼设施的发展与作用"、"鱼类游泳能力与相关水力学实验"、"鱼类生态习性与过鱼设施内流场营造"、"过鱼设施设计优化与建设"、"过鱼设施选型与过鱼效果评估"和"过鱼设施运行与维护"六大板块，各分册均由我国活跃在过鱼设施研究和建设领域第一线的专家们撰写。在此，请允许本人对各位专家的辛勤劳动和无私奉献表示最诚挚的谢意。

　　本丛书全面涵盖与过鱼设施相关的基础理论、目标对象、工程设计、监测评估和运行管理等方面内容，是国内外有关过鱼设施研究和建设等方面进展的系统展示。可以预见，其出版将对进一步促进我国过鱼设施的研究和建设，发挥其在水生生物多样性保护、河流生态可持续性维持等方面的作用，具有重要意义！

常剑波

2023 年 6 月于珞珈山

前　言

闸、坝等水利工程在除害兴利的同时，也会对河流纵向连通性产生影响，阻隔鱼类"三场"之间的洄游通道，从而影响鱼类索饵、越冬、产卵等关键生命活动，甚至会使部分溯河洄游性鱼类的种群濒临灭绝。过鱼设施是帮助鱼类顺利通过闸、坝等溯河障碍物的重要生态保护工程，对保护鱼类资源、恢复河流生态系统功能具有重要作用。

传统的过鱼设施研究通常只针对过鱼建筑物的水力特性开展研究，对鱼类游泳能力和行为特性研究不足，也缺乏行之有效的研究手段，往往导致工程不能达到理想的过鱼效果；或过鱼设施内部存在鱼类上溯的水流障碍；或过鱼设施进口缺乏对鱼类的有效吸引。如何获知鱼类喜好的上溯水流环境，设计出适宜鱼类上溯的水力条件，是过鱼成功的关键。

过鱼设施水力学是一门水力学和鱼类生态学相交叉的学科。针对我国过鱼工程和鱼类种群现状及生态特性，将水工水力学与鱼类游泳行为特性研究相结合，开展水力条件对鱼类游泳行为的影响研究，进而指导过鱼设施水力设计，对于践行绿色水电理念、保护淡水鱼类资源、修复河流生态系统功能都具有重要意义。

本书是在中国水利水电科学研究院水力学研究所吴一红、穆祥鹏、韩瑞、白音包力皋多年研究成果积累的基础上撰写而成的，作者立足水力学的传统优势，融合鱼类行为生态学，采用鱼类游泳试验、计算机流体力学流场模拟、鱼类动态模拟相结合的综合研究手段，揭示水动力因子对鱼类上溯行为的影响机制，提出适用于鱼类上溯的水动力因子及其阈值，研发驱/诱鱼新技术，内容具有创新性和较高的实用价值。

全书共分 10 章，包括：概论；典型鱼类游泳能力试验；草鱼幼鱼游泳行为对流速的响应特性；草鱼幼鱼连续上溯试验；鱼道池室特征水流对鱼类上溯行为的影响；单池室流场下的草鱼适应性；鱼类动态数值模型及鱼道过鱼模拟；集诱鱼系统进口位置的选择；过鱼设施进口水流诱鱼技术，光、声、气泡幕等非常规驱/诱鱼技术。

本书由吴一红、穆祥鹏、韩瑞、白音包力皋撰写，为本书付出辛勤劳动的还有李想、刘丰、曹平、甄婉月、龚丽等，在这里向他们表示衷心的感谢。

本书得到了国家重点研发计划课题（2022YFC3203903）的支持。鉴于鱼类游泳行为和过鱼设施水力学的研究难度大、复杂，以及作者学识和时间有限，尚有许多问题有待进一步深入研究，书中所存不足甚至疏漏之处，诚恳希望读者与专家指正。

作　者

2023 年 2 月于北京

目　　录

第1章 概 论

1.1 引 言

　　闸、坝等水利工程在除害兴利、造福人类社会的同时，也阻断了鱼类洄游通道，干扰了鱼类正常生命活动。过鱼设施是帮助鱼类顺利通过闸、坝等溯河障碍物的重要生态保护工程，对保护鱼类资源、恢复河流生态系统功能具有重要作用。与发达国家相比，我国过鱼设施研究工作起步较晚，但进入 21 世纪以来，随着我国环保意识的提高，国内过鱼设施建设迎来了较大发展。过鱼设施的研究从本质上讲是一门交叉学科，既需要考虑闸、坝工程上、下游的水头消减问题，又需要考虑鱼类游泳行为对水流的需求；既要保障鱼类能发现过鱼设施入口，又要保障鱼类进入鱼道后能顺利上溯。忽视任何一个方面，过鱼设施都难以达到效果。加之不同鱼类的游泳能力、生态习性和行为特征差别较大，因此必须把水工水力学和鱼类行为生态学结合起来，开展专门的过鱼设施水力学研究，揭示鱼类喜好的上溯水流环境，营造出适宜鱼类上溯的水力条件，设计出具有实际效果的过鱼设施。基于鱼类游泳行为特性，加强过鱼设施水力学的研究工作，对于保护鱼类种群、推动绿色水电发展都具有重要意义。

1.2 过鱼设施水力学的研究背景

　　《中国水利统计年鉴 2021》显示，截至 2020 年底，全国已建成的各类水库有 98 566座，流量 $Q \geq 5 \, \text{m}^3/\text{s}$ 的水闸有 103 474 座，并且数量仍在逐年增加。这些水利工程在除害兴利的同时，也给河流生态系统造成了一系列负面影响。其中一项重要影响就是，阻断了河流的纵向连通性，隔断了鱼类"三场"即产卵场、索饵场和越冬场之间的洄游通道，严重影响了鱼类产卵、索饵、越冬等关键生命活动，导致鱼类种群多样性丧失、经济鱼类品质退化，甚至使部分溯河洄游性鱼类的种群濒临灭绝。例如，20 世纪 50 年代，我国长江下游的苏北地区开始修建万福闸等一系列水利工程，切断了幼鳗、刀鲚等鱼类的洄游路线，使高邮湖、洪泽湖等地区的此类经济鱼类几乎绝迹（水利部交通部南京水利科学研究所 等，1982）。20 世纪 60 年代，巢湖闸的修建使巢湖鱼类资源数量发生巨大变化，导致白鲟、河豚及东方鲀等珍稀鱼类均已不见踪影，甚至灭绝（王岐山，1987）。20 世纪 80 年代，葛洲坝水利枢纽的兴建，不仅造成了当地淡水鱼产量的大幅度下降，也使得同期同江段中华鲟的数量下降约 60%，即使每年增殖放流，但相比于截流之前，雄性中华鲟的总体数量依然衰减了 90%左右（柯福恩，1999；胡德高 等，1983；余志堂 等，1981）。《长江三峡工程生态与环境监测公报 2012》显示，2012 年 5～7 月，三峡水库坝下监利江段"四大家鱼"即青鱼、草鱼、鳙、鲢的鱼苗径流量平均值仅为三峡水库蓄水前平均值的 3.8%。近年来国家通过增殖放流等方法加大了保护力度，2016 年监利断面"四大家鱼"鱼苗径流量恢复至 13.4 亿尾，但仍仅为三峡水库蓄水前的 53.1%。张建铭等（2010）调查赣江峡江段"四大家鱼"资源状况发现，由于万安水电站的建设，青鱼、鲢、鳙资源量都已经极为稀少，仅余少量草鱼种群。抚河中游由于廖坊水库的修建也出现了和赣江峡江段相同的问题（花麒 等，2009）。

因此，恢复河流纵向连通性，恢复鱼类洄游通道已刻不容缓。鱼道、鱼梯、升鱼机、集运鱼船等过鱼设施是帮助鱼类顺利通过水利枢纽等溯河障碍物的重要生态保护工程，对保护鱼类资源、恢复河流生态系统功能具有重要作用。随着人们环境保护意识的增强和国家生态环境保护力度的加大，越来越多的力量投入过鱼设施的研究和建设当中。

但当前已建过鱼设施的运行效果却不容乐观，如 *Fishway Guidelines for Washington State*（Bates，2000）显示，目前世界各国可有效过鱼的鱼道工程不足 50%。过鱼效果不佳的主要原因就是，鱼类在利用过鱼设施上溯时难以克服水流障碍：一是鱼道等过鱼设施内部的水流障碍，包括流速、紊动能等水力学参数超出鱼类游泳能力或承受能力，以及鱼道池室内存在不利流态，使鱼类迷失上溯方向等；二是过鱼设施进口附近的水流障碍，主要是指河道主流、发电水流、鱼道水流等多股水流在过鱼设施的进鱼口形成复杂的水流条件，使得鱼类难以顺利发现并进入过鱼设施，从而导致过鱼失败。可见，适宜的水力条件对于过鱼设施成功过鱼是十分关键的，一直都是该领域研究的重点和热点问题。

过鱼设施水力学是一门水工水力学、鱼类行为生态学交叉的学科。传统过鱼设施水力学多单纯针对过鱼建筑物的水力特性开展研究，对鱼类游泳行为特性考虑不足。但是由于鱼类对水流环境有天然的趋利避害特性，所以如果水力设计缺乏对鱼类游泳行为特性的考虑，过鱼设施往往难以达到理想效果，不可避免地会出现上述水流障碍问题。针对我国鱼类种群，将水工水力学与鱼类行为生态学相结合，开展鱼道水力学研究，对于推动我国鱼道工程建设具有重要意义。

1.3　国内外研究进展

1.3.1　国内外过鱼设施建设情况

1. 鱼道

当前国内外主流的过鱼设施主要包括鱼道、升鱼机、集运鱼船等。鱼道是国内外研究和实践最早、应用最为广泛的过鱼设施，距今已有几百年的历史。鱼道工程最早可以追溯到 17 世纪的法国，当时人们利用一捆捆的树枝在陡峭的渠道中制造台阶来消除水能，以创造出供鱼类上溯的水流条件。早期的鱼道设计多凭直觉，并未进行相应的科学研究。直到 20 世纪初，比利时工程师丹尼尔（Denil）首次提出利用水力学基本原理来设计鱼道，他通过在鱼道内间隔地布置隔板和底坎，来达到逐级消能和减小水流流速的目的，这种鱼道被称为丹尼尔式鱼道（水利部交通部南京水利科学研究所 等，1982）。自此，人们才真正认识到水力设计对于鱼道工程的重要性，过鱼设施水力学及鱼类行为学的相关研究自此陆续地开展起来。据统计，至 20 世纪 60 年代早期，西欧各国已建各类过鱼设施 100 多座，美国和加拿大两国过鱼设施有 200 多座，日本过鱼设施有近 35 座，苏联修建了 15 座过鱼设施，这些过鱼设施基本都是鱼道工程（国际大坝委员会，2012；王兴勇和郭军，2005）。到了 20 世纪末，随着人们生态环境保护意识的增强，鱼道建设数量显著上升，北美约有 400 座鱼道，而日本则有多达 1 400 余座鱼道（陈凯麒 等，2014）。根据上溯鱼种的游泳行为特性差异，人们采用不同的水流消能方式，设计出了多种鱼道形式，根据结构形式可以将鱼道分为隔板式、槽式、仿生态式及特殊结构形式等。其中，隔板式鱼道近十几年来应用最为广泛，根据隔板形式的不同可分为竖缝式、溢流堰式、淹没孔口式、组合式等。

与发达国家相比，我国鱼道建设起步较晚，其建设经历了三个不同阶段（陈大庆 等，2005）。

第一阶段为从 20 世纪 50 年代末到 80 年代初，国内开始研究鱼道并相继建设了 40 多座鱼道，但大多已停止运行或废弃。1958 年在规划开发富春江七里垄水电站时首次提及鱼道，并进行了生态环境调查和水工模型试验。我国建设的第一座鱼道是新开流鱼道，于 1960 年在黑龙江兴凯湖附近建成。这一阶段建设的鱼道大多数布置在沿海、沿江、平原地区的低水头闸、坝上，底坡较缓，提升高度不大，一般在 10 m 左右。这些鱼道大多数采用了组合式鱼道形式，其中新开流鱼道、鲤鱼港鱼道和洋塘鱼道等过鱼效果良好，但因当时的认识、经费和运行管理等方面的众多因素，大多数鱼道已年久失修，或者停止运行或遭废弃。

第二阶段为从 20 世纪 80 年代到 20 世纪末，属于鱼道建设停滞期，个别工程通过建设增殖放流站来解决珍稀鱼种的保护问题。以葛洲坝为代表，当时普遍认为葛洲坝水利枢纽工程对长江草鱼、青鱼、鲢、鳙鱼类资源并无不利影响，不必建过鱼设施。鱼类即使通过鱼道，对繁殖也无好处。当时承认葛洲坝建设对中华鲟有很大影响，但是认为"中华鲟虽有过坝产卵的需要，但也不可能用鱼道来使这种大型鱼类上下通行。人工繁殖放流是繁殖保护中华鲟的可行而有效的措施"（易伯鲁，1982）。在此期间鱼道出现了近 20 年的停滞期。

第三个阶段：进入 21 世纪以来，随着环保意识的提高，国内又恢复了鱼道的研究与建设，并且作为水利水电工程环境影响评价中生态环境保护的重要评价指标，鱼道建设迎来了大发展。我国先后颁布多项政策法规，针对水电开发提出生态环境保护工作要求。2006 年国家环境保护总局办公厅下发了《关于印发水电水利建设项目水环境与水生生态保护技术政策研讨会会议纪要的函》，表明我国对水利水电工程生态环境保护措施的要求开始规范化，并将鱼道作为水利水电工程环境影响评价中生态环境保护的重要评价指标。

2013 年环境保护部、农业部联合印发了《关于进一步加强水生生物资源保护 严格环境影响评价管理的通知》，以环境影响评价为主线，针对可能对水生生物产卵场、索饵场、越冬场及洄游通道造成不良影响的开发建设规划提出了更为严格和具体的要求。2014 年环境保护部和国家能源局联合下发了《关于深化落实水电开发生态环境保护措施的通知》，提出结合鱼类保护的重要性、影响程度和过鱼效果，水电工程应全面分析论证过鱼方式和采取过鱼措施的必要性，认真落实过鱼措施，加强过鱼效果的观测，优化过鱼设施的运行管理。这些工作有力地推动了过鱼设施建设和研究的发展。

2000 年以来，根据环境影响评价要求，我国 98 个水电建设项目中，有 44 个采取了过鱼设施，这些过鱼设施包括鱼道、升鱼机、网捕过坝等多种形式（祁昌军 等，2017）。其中，采用鱼道的水电工程有 19 个，约占 43.2%。这 19 个鱼道中，有 5 个是组合式鱼道，14 个是独立形式鱼道，独立形式鱼道中包括 9 个竖缝式鱼道、3 个仿自然鱼道和 2 个横隔板式鱼道。

国内近期鱼道建设中最高的大坝工程为丰满水电站，其最大坝高为 94.5 m，鱼道长度为 1 407.57 m，主要过鱼对象为日本七鳃鳗、草鱼、青鱼、鲢等短距离生殖洄游的经济鱼类。最长的鱼道为澜沧江里底水电站的鱼道，全长达 3.0 km，坝高 75 m，主要过鱼对象为澜沧裂腹鱼、光唇裂腹鱼、灰裂腹鱼等。这两座鱼道均采用了竖缝式鱼道形式。

从鱼道工程的建设情况看，竖缝式鱼道在我国的应用最为广泛，其鱼道池室之间的过鱼口是从上到下的一条竖缝，水流受到池室之间隔板的阻挡而达到消能的效果，水流从布置在中间或两侧的竖缝中下泄，鱼可根据不同习性选择其喜好的水深通过，适合表、中、底层鱼类溯河洄游，适用性最为广泛。通过改变竖缝的位置和数量可以将竖缝式鱼道分为单侧、双侧、异侧、同侧等类型。

2. 集运鱼船

相比于鱼道，集运鱼船具有移动性强、可以适应坝下流场变化的优点。但是其也具有很大的局限性，因为集运鱼船适用于水流平缓的区域，所以多布置在坝上库区，帮助幼鱼降河，且受船体吃水深度的限制，只适用于在水面活动的鱼类，对于喜深水活动的鱼类诱集效果不佳。因为其适用范围比鱼道工程要小，所以集运鱼船更多情况下是鱼道工程的辅助过鱼手段，或是无法建设鱼道情况下的一种补偿手段。

3. 升鱼机

常规鱼道工程的运行水位差一般在 60 m 之内，长度很少超过 5 km。升鱼机是最为常见的中高坝过鱼设施，但是在国内起步较晚，应用案例并不多。

与鱼道相比，升鱼机具有四大优势：

（1）升鱼机出口能够适应大范围的水位变化；

（2）升鱼机对鱼类游泳能力要求不高，即使是游泳能力很弱的幼鱼依然能够通过升鱼机过坝，适用于各种鱼种；

（3）升鱼机结构紧凑，占地面积小；

（4）升鱼机改造方便，投资小，可以随着设备的升级不断改进。

从国外的经验看，对某些鱼种来说，升鱼机的效率很高，如美洲西鲱（利用传统鱼道很难成功地实现其过坝洄游）。升鱼机的主要缺点是它的运行及维修费用很高。而且对于小型鱼类而言（如鳗鲡），升鱼机的过鱼效率较低，对鱼类实现有效诱集的难度比较大。因此，集鱼系统的集诱鱼效果决定了升鱼机的最终成效。

4. 发展趋势

从发展趋势来看，低坝的过鱼技术仍将以鱼道为主流。从多年的国内外运行经验来看，对于低坝，鱼道能够起到良好的恢复鱼类洄游通道的作用。而升鱼机较适用于中高水头的水利工程，其优点在于建设费用低、占地小、对上游水位变化的敏感度低、鱼类过坝体力消耗小，缺点是运行成本较高。综合考虑水头落差、运行与使用上的限制、造价合理性等因素，升鱼机是中高坝、水位变幅较大的枢纽过鱼的首选方案，而且升鱼机可在后期建设，也是中高坝补建过鱼设施的首选。这些因素意味着在我国未来的水利工程建设中，升鱼机可能迎来一个发展高峰期。

此外，国外的过鱼对象主要是鲑、鳟等经济价值较高、游泳能力较强的洄游性鱼类，而我国的过鱼对象种类繁多，其游泳行为特性与国外差异明显，因此在进行过鱼设施的设计时不能照搬国外设计参数，需根据我国过鱼对象的游泳行为特性，综合考虑流速、流态等相关水力设计参数，因地制宜、因鱼而异地对过鱼设施进行科学设计。

1.3.2 鱼类游泳能力研究进展

1. 鱼类游泳能力分类及测定方法

鱼类游泳能力指的是鱼类克服水流速度障碍的能力，根据鱼类游泳的持续时间和强度可将鱼类的游泳类型分为以下三种：持续式游泳、耐久式游泳和爆发式游泳。衡量鱼类游泳能力的指标是游泳速度，主要有持久游泳速度（持续游泳时间>200 min）、临界游泳速度（持续游泳时间在 20 s～200 min）和突进游泳速度。突进游泳速度也称爆发游泳速度，其用来衡量鱼类运动的加速能力，持续时间小于 20 s，常见于躲避敌害、捕获猎物或穿越水流障碍等情况下的短时游泳行为。临界游泳速度和突进游泳速度是最为常用的鱼道水力设计依据。

除临界游泳速度、突进游泳速度外，还有一个常用指标是感应流速，其不是反映鱼类游泳能力的指标，而是反映鱼类对水流方向感知能力的指标，是鱼类能够辨别水流方向的最小流速。通常，鱼道设计要求过鱼设施的内部水流流速应该大于鱼的感应流速，而小于鱼的游泳能力指标。

临界游泳速度一般利用密闭空间均匀流场下的鱼类强迫游泳试验测定，通常采用流速递增量法，即试验过程中认为鱼类游泳速度与水流速度相等，通过一定时间内的流速递增，观察试验鱼的游泳状态，直至试验鱼疲劳，记录下相应的流速值。此方法耗时短、可控性强，且使用较少的试验鱼就能得到有意义的结果，而被广泛采用。各国研究者所用的流速递增量法的主要区别在于试验中流速递增的时间间隔 Δt 和流速递增量 Δv 有所不同。徐革锋等（2015）的研究表明，过于缓慢的水流加速过程会导致试验时间长，从而消耗试验鱼大量体力，但加速过程过快又会使鱼体无法迅速调整自己的身体机能以适应过快的流速变化，导致鱼体始终处于胁迫和紧张状态，也会使试验鱼浪费大量体力。Δv 对鱼类临界游泳速度的影响也很显著：Δv 太小，则转换次数过多，试验时间偏长，致使试验鱼消耗过多底物以致能量供应不足，造成试验结果偏低；Δv 太大，则流速提高过快，会刺激试验鱼产生应激性反应，使鱼体处于紧张状态，这种状态会伴随更多的无氧代谢，消耗更多的能量，同样会使临界游泳速度试验结果偏小。因此，对于临界游泳速度的测量，Δt 和 Δv 的设定要综合考虑无氧代谢的比例、水流的胁迫作用及试验鱼的底物储备量等因素，确保条件设置符合试验鱼的生理特征和生态习性。从目前国内外鱼类临界游泳速度的试验来看，一般流速递增的 Δt 为 2~75 min，Δv 为 0.11~0.25 BL/s（BL 为试验鱼体长）。还有一种测定临界游泳速度的方法被称为快速测定法，即首先通过预试验粗略地确定临界游泳速度，然后快速将流速递增至 50%~75% 的粗估临界值，再采用较小的 Δv 和 Δt 进行试验。由于该类方法效率更高，已被越来越多的学者采用。

突进游泳速度的测定有两种方法：一种是静水水槽试验，即采用突然的刺激或惊吓，使鱼体从休息状态在短时间内加速至较大速度，通过测定试验鱼冲刺的距离和时间来计算突进游泳速度；另一种是流速递增量法，根据突进游泳速度的定义，Δt 采用 20 s，通过快速增加流速至试验鱼疲劳，来测定其突进游泳速度。

感应流速则多通过从零逐步增加流速直至试验鱼开始逆流游泳得到。

2. 试验前鱼类的水流适应条件

试验开始前的水流适应条件对鱼类游泳能力的准确测定也是非常重要的。为了避免鱼类在试验装置中不适应，出现生理应激而致使试验失败，需要在试验开始前，让试验鱼在试验装置中适应一段时间。徐革锋等（2015）通过调整适应流速、适应时间、流速递增 Δt 和幅度来研究各种因素对细鳞鲑幼鱼临界游泳速度和最大持久游泳时间的影响，发现：①适应流速为 1.0~1.5 BL/s 条件下的最长适应时间不应超过 1 h，试验开始前试验鱼适应环境的时间设定为 1 h 最佳，最多不应超过 2 h。②与适应时间和适应流速对鱼类游泳能力的影响相比，流速递增的 Δt 和幅度对试验结果的影响更大。从国内外的研究案例来看，鱼类游泳能力试验通常采用适应流速为 1.0~1.5 BL/s、适应时间为 1 h 的适应条件。

3. 鱼类游泳能力和游泳速度的影响因素

除了开展鱼类游泳能力的研究外，各国学者也对影响鱼类游泳能力和游泳速度的因素进行了研究。影响鱼类游泳能力和游泳速度的因素既有生物个体因素，又有环境因素，主要包括摆尾频率、体长、疲劳时间、温度及耗氧量等。Bainbridge（1958）在环形水槽试验中首次发现试验鱼的游泳速度会随着摆尾频率的增加而增加，两者是线性关系，试验鱼每摆动一次，能前行 60%～80%体长的距离，其后众多学者验证了这一线性关系的存在。何平国和 Wardle（1989）研究发现这一线性关系存在种间差异，试验鱼的最大游泳速度也同样存在种间差异。国内外的研究学者还就鱼类游泳能力与体长的关系进行过大量研究，并得出了表征游泳能力的游泳速度指标与体长的关系，或者游泳速度指标与体长和疲劳时间的关系。同时，水温也是影响鱼类游泳能力的重要因素，不同水温下鱼类的代谢能力不同，继而造成鱼类游泳能力不同。Randall 和 Brauner（1991）研究发现鱼类临界游泳速度与水温呈"钟形"或"线形"关系。通常，温水性鱼类的最大极限游泳速度发生在 25～30℃，冷水性鱼类在 15～20℃时能获得最大极限游泳速度。而突进游泳速度反映的是鱼躲避敌害、穿越障碍的应激能力，与水温和溶解氧无关，通常只与鱼种及体长有关。

从上述鱼类游泳能力的相关研究成果来看，龚丽等（2015）、房敏等（2013）、蔡露等（2012）、石小涛等（2012）、鲜雪梅等（2010）、井爱国等（2005）均对一定体长范围的保护性鱼种如胭脂鱼及"四大家鱼"等经济性鱼种的新陈代谢、临界游泳速度等开展过相关研究，但相对于国外而言，针对我国特有典型洄游或半洄游鱼种游泳能力的研究成果还很少，仅有的一些研究成果也多是针对体长大于 15 cm 的鱼类，关于索饵洄游期幼鱼（一般体长为 5～15 cm）游泳能力的研究成果很少。而鱼类的游泳能力和体长成正比，幼鱼的游泳能力较弱，根据幼鱼的游泳能力开展鱼道水力设计则更有实际意义。

1.3.3 鱼类游泳行为对水动力因子的响应机制研究进展

在鱼道设计中，鱼道池室特征水流条件必须与目标鱼种的游泳行为特性相适应，所以研究鱼道池室特征水流条件下鱼类游泳行为的响应机制显得尤为重要。目前，除了流速之外，国内外学者还就紊动大小及尺度、剪切力、阻力等反映流态的水动力因子对鱼类游泳行为的影响开展了相关研究。

很早人们就发现水力紊动作用范围和强度影响着鱼类的行为。Pavlov 和 Tyuryukov（1993）在研究报告中指出，鱼类在紊动水流中会消耗更多的自身精力去抵抗紊动产生的能量，从而维持正常的游泳姿势，但处于饥饿状态的鱼更喜欢在紊动水流中游动，这可能是因为在充分掺混的水流中鱼类更易捕食。王得祥（2007）利用振动格栅制造紊流条件来研究紊动强度对鲫的影响，发现鲫在紊动强度为 0.56～6.64 cm/s（以脉动流速的均方根表示）的水中能保持正常的游泳姿态，但当紊动强度继续增大或超过 9.09 cm/s 时，水流就会对鲫造成一定程度的伤害，如鱼眼受损、鱼鳞脱落、黏膜破损等，甚至会导致鲫死亡。Groves（1972）曾就紊动对大麻哈鱼幼鱼的影响进行过研究，他利用喷嘴在水箱中制造淹没射流来模拟紊动，发现在相同的试验条件下，鱼类的损伤率与鱼的大小呈反比例关系，体长较小的大麻哈鱼幼鱼较大体长的大麻哈鱼幼鱼受损率高。Coutant 和 Whitney（2000）研究发现，大麻哈鱼能利用河流中的紊动提高其在水中的游动速度，该研究认为具有一定流速的湍流区可能更适合大麻哈鱼幼鱼的生存，并认为经过长期的进化，洄游鱼类可能会利用紊动产生的能量来代替它们在水中游动所需要的能量，否则在自然选择的压力下会被无情淘汰。如果该假设成立，那么一定存在对于洄游中的鱼类来说最适宜的紊动条件，在这种条件下鱼类能更加容易地感应洄游方向，还能利用大范围、低强度的紊动来减少自身的能量消耗。

在紊动流场中，作用在鱼身上的力还有由于水流的黏滞力而产生的切应力。切应力的大小受流速梯度的影响，天然河道中的切应力一般较小，对鱼体基本没有影响；在水流与固体的交界面处，流速梯度变化率较大，如水轮机、尾水渠和泄洪道附近水流条件复杂，产生的切应力也会很大，有时会对通过的鱼造成致命伤害。Turnpenny 等（1992）研究发现，鲱形目鱼类比鳗形目鱼类在高切应力作用下的损伤率要高，然而有些特定的切应力区域是鱼类喜欢聚集的地方，如狗鱼喜欢聚集在切应力较大的鱼道入口或水轮机出口等处。哥伦比亚河流域上 6 个水电站的鱼类损伤情况表明，在溢洪道下游，鱼类丧失平衡能力的概率为 0.10%~4.77%，鱼的损伤率小于 7.0%；约 1.2%的鱼类通过发电机组后会丧失平衡能力（杨宇 等，2013）。有研究发现，切应力不是均匀地作用在鱼体的各个部分，当鱼类在剧烈的紊动场中游动时，其头部受到的切应力比尾部要大，大小不同的同种鱼类抵抗切应力的能力也不相同。

除了紊动、切应力外，阻力也是影响鱼类游泳行为的另一个重要因素，Vogel（1996）认为鱼类上溯路径的选择与水流阻力有一定的关系，他认为鱼类是沿着水流主流流线进行上溯的。然而，Rodriguez 等（2010）通过试验发现，鱼类在上溯时表现出一定的偶然性，并非总是沿着主流流线上溯。高东红等（2015）对鱼类上溯路径进行假设，并结合数值模拟对假设上溯路径上的阻力进行了对比分析，研究了阻力对鱼类上溯路径的影响。

在与鱼道结合的鱼类上溯试验研究中，Mallen-Cooper（1992）曾在竖缝式鱼道模型中进行过不同流速下鱼类上溯的试验研究，提出了该鱼道尺寸下以鲈和角齿鱼为过鱼对象时的上限流速值，并得出在鱼道模型中测得的鲈幼鱼的突进游泳速度比在试验水槽中测得的数值要高的结论。Cornu 等（2012）通过在竖缝式鱼道池室内部放置一定形式的圆柱来改变池室水流流态，通过真鱼上溯试验发现，圆柱体呈等腰三角形放置时过鱼成功率较高，但无论圆柱体以何种形式放置都不会改变鱼的上溯路径。董志勇等（2021，2008）通过物理模型试验研究了竖缝式鱼道的水流流场分布特性，并进行了放鱼试验，发现流量过大会导致竖缝处流速过大，主流两侧回流区的流速范围会超过过鱼对象的偏好流速，造成过鱼效果较差，并得出了竖缝宽度较大、池室长度较短的结构形式下鱼道的合理过流流量范围。

随着视频分析方法的发展和普及，近期有学者开始使用视频追踪软件追踪鱼类上溯轨迹，并叠加三维数值模拟得出的流场结构来进行鱼类上溯行为分析。尹章昭（2016）通过草鱼幼鱼上溯轨迹和池室流场的叠加发现，同侧式或异侧式鱼道中的鱼类大部分选择避开高紊动能区域（$k > 0.009$ m²/s²）、高流速区域（$v > 0.351$ m/s）、大涡量区域（$w > 15.24$ s⁻¹）进行上溯，其中 k 为紊动能强度，v 为流速，w 为涡量。谭均军等（2017）采用同样的方法进行研究发现，鲢和草鱼的上溯时间与紊动能、流速的相关性较大；水流流速矢量决定了鱼的上溯方向，体现了鱼的趋流特性，并认为对于局部空间内鱼的游泳运动行为，紊动能可能是更直接的水动力影响因子。

尽管人们在鱼类游泳行为对水动力因子的响应机制方面开展了大量研究，但由于该问题本身的复杂性，目前人们对于水动力因子对鱼类生理及行为的影响机理还不完全清楚，不同鱼种之间的研究成果也存在较大差异，该领域仍有许多研究工作亟待开展。

1.3.4　集鱼系统进口诱鱼技术研究进展

通过鱼类游泳行为对水动力因子的响应机制研究，在鱼道池室内营造出适于鱼类上溯的水流结构，尚不足以保证鱼道能顺利过鱼，实现过鱼设施进口鱼类的有效诱集，则是另一关键。在工程实践中，最常见的集鱼方法是利用水流诱鱼。为了将水流诱鱼的效果最大化，过鱼设施集鱼系统的进口位置往往选择建设在经常有下泄水流的区域，如大坝的溢洪道及水电站尾水等附近。加拿大安大略省格兰德河上的曼海姆堰处建设了两座丹尼尔式鱼道，但由于其集鱼系统进口位置布置得不合理，鱼类易被溢洪道泄水吸引，不能顺利找到进口，过鱼效果不理想。Bunt（2001）重新布置了这两座鱼道集鱼系统的进口位置，将其设置在鱼类容易发现且经常聚集的区域，同时通过改变进口形状和大小来创造鱼类喜爱的水流条件，以此达到提高诱鱼效果的目的。有研究者指出，跌水可以对鱼类起到引诱作用。芬兰凯米河河口伊索哈拉（Is-ohaara）坝通过在集鱼系统进口处形成跌水来引诱鱼类。Wassvik 和 Engstrom（2004）通过调整集鱼系统进口面积来提高出射水流流速，结果显示，此方法可以有效提高对鱼类的吸引力。为了将鱼类引诱至集鱼室，澳大利亚的伯内特河大坝在鱼道上布置了诱鱼补水系统。北京上庄新闸鱼道和老龙口水利枢纽都在集鱼系统进口处设置了喷射水流，以此增加进口的吸引力。浙江楠溪江拦河闸在尾水渠和集鱼系统进口之间设置了隔墙，以缓解闸门泄水对鱼类的干扰，并通过合理设计集鱼系统进口形式来增加诱鱼水流流速，达到诱鱼目的。目前，虽然人们已经意识到合理设计集鱼系统进口、创造适宜水流条件可以达到引诱目标鱼类的目的，并为此开展了很多工程应用，但是现阶段关于诱鱼水流及其他敏感环境因素的理论成果仍非常少，相关研究成果还难以直接指导过鱼设施诱鱼措施的设计，工程设计和改造仍以经验为主，从而影响了过鱼工程的实际效果。

另外，利用灯光、声响的鱼类诱捕技术在渔业领域已经表现出良好的效果，在鱼类养殖和捕捞上得到了广泛应用，也存在应用于过鱼设施集诱鱼系统上的技术可行性，为过鱼设施诱鱼技术提供了新思路。George 和 Schumann（1963）从对远洋鱼类的饲养试验中发现，幼鱼在孵化后不久就具有明显的趋光性。墨西哥湾渔民利用光诱捕技术来提高渔获量。邦纳维尔坝第二发电站利用灯光引诱鱼类进入旁路集鱼系统。除了利用水流和灯光驱诱鱼外，气泡幕在集鱼系统进口上也有一定的应用前景。Mueller 和 Simmons（2008）的研究表明，气泡幕的布置位置、密度等因素会对鱼类的游泳行为及上溯路线的选择产生一定的影响。刘理东和何大仁（1988）发现，气泡幕对不同鱼类的阻拦效果不同，且阻拦效果会随时间的推移不断减弱。张立仁等（2014）以体长 10 cm 以下的草鱼为研究对象，研究了光、热及气泡幕在不同组合情况下对试验鱼的驱离作用，发现气泡幕和绿光闪烁对试验鱼的驱离效果较好。总体而言，光、声、气泡幕等外界环境因素在对鱼类的吸引/驱离方面具有一定的作用，在集鱼系统进口应用方面具有很大的潜力，但这些外界环境因素对鱼类影响的研究还比较薄弱，相关的响应机制仍不甚明确，因此，有必要针对过鱼设施集鱼系统开展相关环境因素的诱鱼/驱鱼机理研究，为光、声、气泡幕等驱诱鱼新技术的研发提供理论依据。

1.4　本书的主要内容

从当前过鱼设施水力学的研究情况来看，将水工水力学与鱼类游泳能力、生态习性相结合，是今后鱼道水力学研究的发展趋势。与国外发达国家相比，我国鱼道研究工作起步较晚，鱼道工程多借鉴欧美国家的标准设计。由于国内外保护鱼种不同，部分鱼道工程在水流条件上难以满足本地鱼种过坝的要求，成功案例较少。总体而言，我国鱼道水力学研究与世界一流水平相比，主要存在如下差距：①我国鱼类游泳能力研究起步晚，仍需对我国本土鱼种的游泳能力进行系统研究，逐步形成完备的鱼类游泳能力数据库。②我国鱼道水力特性研究还停留在水工水力学方面，仍需与目标鱼种的上溯能力和生态习性相结合，研究鱼类游泳行为对敏感水动力因子的响应机制。因此，设计真鱼试验，以目标鱼种的游泳能力和行为特性为依据，开展鱼道水力学研究，将是我国鱼道学科实现突破的必由途径。

本书将水工水力学与鱼类游泳行为特性研究相结合，通过揭示水动力因子对鱼类游泳行为的影响机制，提出适用于鱼类上溯的水动力因子及其阈值，并探讨驱/诱鱼新技术，进而指导过鱼设施水力设计，同时在鱼道水力学研究方法方面做出初步探索。

本书的主要内容如下。

1. 鱼类游泳能力和行为研究

鱼类游泳能力是鱼道水力学设计的重要依据。本书首先以"四大家鱼"中的草鱼及长江中上游较为典型的鳉科、鲇科、鲤科等洄游和半洄游鱼类为研究对象，观察它们的生活习性、喜好水流条件，调研反映鱼类趋流特性和克流能力的各类游泳指标的测试方法，设计相应鱼类的游泳行为试验装置和测试方法，分析鱼类游泳行为对水流流速变化的响应，为鱼道水力学研究和设计提供基础依据，填补和完善鱼道设计导则中与鱼类游泳能力相关的内容。

2. 鱼道池室特征水流对鱼类上溯行为的影响研究

以我国应用最为广泛的竖缝式鱼道为例，以草鱼为研究对象，利用鱼道池室特征水流，通过真鱼上溯试验实现三维流场与鱼类游泳行为的耦合，分析影响试验鱼游泳路径选择的敏感水动力因子，探索鱼类上溯行为与水动力因子之间的关系，揭示鱼类对这些敏感水动力因子的适应性，为鱼道池室水力设计提供科学依据。

3. 鱼类动态数值模型及鱼道过鱼模拟

在实验室鱼类游泳能力试验和鱼道池室特征水流试验的基础上，确定鱼类动态数值模型的参数（个体游动能力、水动力学适应机制等），建立基于个体模式的鱼类动态数值模型；与鱼道水动力数学模型耦合，以水动力学模型的输出结果（流速、紊动强度等）为鱼类动态数值模型的驱动因子，精细模拟典型鱼道中鱼类上溯游动的运动过程，并对比实验室真鱼上溯试验结果，优化模型参数，寻求基于鱼类生物行为特征的鱼道设计和优化新方法。

4. 鱼道进口诱鱼、集鱼技术研究

在诱鱼补水系统现场调查和鱼道进口区域流态模拟的基础上，结合真鱼试验，研究诱鱼水流流速、角度、相对流量等特征指标对鱼类诱导集结的影响，研究提出适合鱼类上溯的鱼道进口附近区域的流态条件；将鱼类捕捞和驱离的声光技术移植到鱼道诱鱼、集鱼领域，研究鱼类对声响、灯光和气泡幕的趋避反应，为开发鱼道诱鱼新技术提供科学依据。

第 2 章　典型鱼类游泳能力试验

2.1　引　言

鱼道的水力设计必须要与鱼类的游泳行为特性相适应，鱼类游泳能力是鱼道水力设计的重要依据。目前我国鱼类游泳能力的研究成果还相对较少，因此有必要对我国本土鱼种的游泳能力进行科学系统的研究，早日形成完善的关于我国本土鱼类游泳能力的评价体系及数据库。长江中上游水电开发密集，且为生态环境相对脆弱地区，该区域对过鱼设施有强烈的需求，因此结合长江中上游的实际需求，在该区域选择目标鱼种作为研究对象，具有一定的典型性，对于践行绿色水电发展理念、推进长江大保护工作落地落实具有重要意义。

2.2　长江流域鱼类资源概况

2.2.1　长江鱼类区系分布

长江是我国最大的河流，也是世界第三大河流。它发源于青藏高原，干流流经 11 个省级行政区，汇集无数大小支流，浩浩荡荡蜿蜒 6 300 余千米注入东海，整个流域面积约 180 万 km^2。长江干流宜昌以上为上游，长 4 504 km，流域面积 100 万 km^2；宜昌至湖口为中游，长 955 km，流域面积 68 万 km^2；湖口以下为下游，长 938 km，流域面积 12 万 km^2。长江上、中、下游水文地貌千姿百态，自然环境各不相同，孕育出了多种多样的生态系统，也是鱼类和其他水生生物资源的宝库。

长江流域鱼类区系组成复杂，水产资源丰富。依据《长江水系渔业资源》，长江水系共有 374 种鱼类，隶属 17 目、52 科、178 属。以鲤科鱼类最多，有 168 种，占总数的 44.92%。在 374 种鱼类中，纯淡水鱼类有 298 种，咸淡水鱼类有 22 种，其余为河口海水鱼类。曹文宣（2011）依据多年的调查分析认为，长江水系有鱼类 400 余种（亚种），其中纯淡水鱼类 350 种左右，淡水鱼类之多居全国各水系之首。因自然环境条件差异，长江上游和中游存在着不同的鱼类区系。青藏高原和横断山区，河流比降大，水能资源丰富，是水电开发的重点区，物种资源保护任务艰巨。鱼类种数不多，以裂腹鱼类、高原鳅类为主，绝大多数为当地特有种，如小头高原鱼、中甸叶须鱼、松潘裸鲤等。云贵高原北部、四川盆地及周围的低、中山区，已建有大量的水电工程，物种资源保护形势严峻。鱼类种数多，特有种也多，如岩原鲤、厚颌鲂、长薄鳅等；鲤、鲇、长吻鮠等经济鱼类，有一定的渔产量；圆口铜鱼既是特有鱼类，又是重要的经济鱼类。长江中下游平原或低山丘陵区，水流平缓，附属湖泊众多，形成了独特的江湖生态系统，鱼类种数多，以草鱼、青鱼、鲢、鳙、鲤、鲫、鲂为代表的经济鱼类构成了重要的渔业资源。

2.2.2　长江鱼类洄游概况

1. 洄游类型

鱼类洄游是因其生长发育和外界环境变化的需要而在长期适应过程中所获得的特性，是一种周期性、定向性和集群性的迁移活动。洄游特性使鱼类根据生理周期在产卵场、索饵场、越冬场之间迁徙，从而完成相应的生命活动，使种群得以生存和繁衍，并能遗传给后代。可见，鱼类的洄游行为就是鱼类在"三场"——产卵场和索饵场、越冬场之间周期性、定向性和集群性的迁移活动，以满足鱼体生长发育需求，并适应外界环境变化，恢复鱼类的洄游通道就是要恢复鱼类"三场"之间的联系。

自然界中大多数鱼类都进行洄游，只是有显著和不很显著的区别，仅有少数种类不表现规律性洄游，如虎鱼科、雀鲷科或天竺鲷科的某些鱼种。

按鱼类不同的生理需求，洄游可以分为产卵洄游（生殖洄游）、索饵洄游和越冬洄游（季节性洄游）三种；按鱼类生长的不同阶段，洄游可以分为成鱼洄游和幼鱼洄游两种；按鱼类所处生态环境不同，洄游可以分为海洋鱼类的洄游、溯河鱼类的洄游、降河鱼类的洄游和淡水鱼类的洄游四种。

2. 以洄游为依据的鱼类分类

按照鱼类洄游迁徙所涉及的自然环境变化，长江流域洄游鱼类可分为河-海洄游型鱼类、江-湖洄游型鱼类、河道内洄游型鱼类、定居型鱼类。

1）河-海洄游型鱼类

长江水系有河-海洄游型鱼类 11 种。中华鲟、鲥、刀鲚、暗纹东方鲀（河鲀）等 9 种为溯河洄游型鱼类，每年春季溯河而上，在长江繁殖后再返回海洋；鳗鲡、松江鲈则为降河洄游型鱼类。由于水电开发、城镇化等人类活动影响的加剧，中华鲟的种群衰退十分严重，物种生存前景不容乐观。长江刀鲚也难以形成渔汛，鲥和暗纹东方鲀的种群下降速度较刀鲚更快。

2）江-湖洄游型鱼类——"四大家鱼"

"四大家鱼"青鱼、草鱼、鲢、鳙是我国主要的经济鱼种，属于典型的江（河）湖半洄游型鱼类。长江流域是"四大家鱼"重要的栖息地和繁殖场所。"四大家鱼"肥育摄食一般在江河干流的附属湖泊中，因其产卵繁殖需要流水环境，繁殖季节"四大家鱼"

会结群地由通江湖泊洄游到江河干流的各产卵场生殖，通常可沿长江、西江上溯 500～1 000 km。产后亲鱼、幼鱼会陆续洄游到食料丰盛的河湾、支流或通江湖泊中索饵肥育。冬季湖水降落，鱼群又回到干流的河床深水区或较深的岩坑处越冬。翌年开春，亲鱼又开始上溯产卵，如此往复，生息繁衍。

3）河道内洄游型鱼类

圆口铜鱼、长鳍吻鮈和长江鲟等均具有河道内洄游特征。圆口铜鱼是一种典型的河道内洄游型鱼类，其产卵场主要分布在金沙江中下游及雅砻江干流的下游，每年春末夏初水文条件适宜时，亲鱼在具有卵石底质的急流浅滩处产卵，受精卵在漂流的过程中发育并孵化，当长成幼鱼或亚成鱼后，开始向上游迁移。

4）定居型鱼类

典型的定居型鱼类有鲤、鲫和鲇等。即使是定居型鱼类，也存在短距离的索饵洄游或越冬洄游。产卵场、越冬场和索饵场（肥育场）在鱼类生命周期中是不可或缺的，对于定居型鱼类，虽然三场互相连通甚至有不同程度的交叉，但又不能完全相互替代，例如，在河流深槽中越冬的鲤，在早春气候转暖时就会洄游到食料丰盛的湖泊中去肥育。

2.2.3　长江鱼类种质资源状况

作为我国淡水渔业的重要产区，长江流域盛产青鱼、草鱼、鲢、鳙、铜鱼、圆口铜鱼、长吻鮠、鲇、黄颡鱼、鲤、鲫、鲥等多种经济鱼类，野生鱼类捕捞产量占全国淡水鱼类捕捞产量的 60%以上。长江流域不但渔业捕捞量大，而且是重要的鱼类种质资源宝库。在我国主要的 35 种淡水养殖对象（土著种）中，长江流域自然分布有 26 种，其中许多种类的品质被认为是我国所有水系中最优的，最为典型的是"四大家鱼"，其种质性状明显优于其他流域，因此长江流域是我国淡水渔业的种质资源宝库，是国内绝大多数淡水养殖品种的来源地。

在"四大家鱼"人工繁殖技术取得成功以前，国内人工养殖的"四大家鱼"的苗种均来自长江中下游的天然捕捞；"四大家鱼"人工繁殖技术取得成功以后，人工繁殖用的亲鱼仍然需要定期引进长江流域天然苗种培育的原种以保证种质资源的纯正和复壮。除"四大家鱼"等传统养殖品种外，胭脂鱼、南方鲇、长吻鮠、黄颡鱼、中华倒刺鲃、岩原鲤和黑尾近红鲌等近年开发的优良养殖品种也来自长江流域。

由于近几十年来人类活动的加剧，长江流域渔业捕捞产量持续降低，前景不容乐观。1949～1985 年长江流域六省一市（上海、江苏、安徽、江西、湖南、湖北和四川）多年平均捕捞产量为 2.6×10^8 kg，产量最高峰为 1954 年（捕捞产量为 4.5×10^8 kg）；1956～1960 年捕捞产量相对稳定，一直维持在 $3 \times 10^8 \sim 4 \times 10^8$ kg。随后，捕捞产量逐年下降，20 世纪 80 年代减少至 2×10^8 kg 左右，20 世纪 90 年代仅为 1×10^8 kg。长江三峡工程生态与环境监测系统显示，20 世纪 90 年代以后长江鱼类捕捞产量进一步降低，作为主要渔产区的三峡库区、坝下、洞庭湖、鄱阳湖及河口区 1997～1999 年的年均捕捞产量为

1×10^{8} kg 左右，至 2016 年仅为 6×10^{7} kg。

　　渔获物小型化是长江流域鱼类资源衰退的另一个特点，主要表现在以下两个方面：其一，小型鱼类逐渐取代大中型鱼类成为渔获物中的主要优势种类。长江上游江段渔获物中的主要优势种类已经由 20 世纪 70 年代的铜鱼、圆口铜鱼、长江鲟、鲇、鲤、长吻鮠、草鱼和岩原鲤等大中型鱼类转变为鳕科和鳅鉈亚科等小型鱼类，部分大型鱼类（如岩原鲤和长江鲟等）甚至基本从渔获物中消失；长江中游江段主要优势种类"四大家鱼"的比例从 1974 年的 46.2% 下降至 2001～2003 年的 9.9%，至 2007～2009 年更是下降至 7.6%，而餐等小型鱼类的优势度明显增强；长江下游江段渔获物小型化现象同样严重，鲤、鲫、鳊、贝氏餐、似鳊和黄颡鱼等小型鱼类成为安庆江段、芜湖江段、南京江段和常熟江段等渔获物中的主要优势种类。其二，主要渔获物的捕捞规模越来越小。

　　随着时间的推移，长江鱼类的濒危程度在日益加剧。2009 年出版的《中国物种红色名录》（第二卷）收录了 70 余种长江鱼类，其中绝灭 1 种，野外绝灭 2 种，极危 5 种，濒危 41 种，易危 27 种。2015 年发布的《中国生物多样性红色名录：脊椎动物卷》对394 种长江鱼类的濒危程度进行了评估，结果表明，长江流域受威胁鱼类（包括濒危、极危和易危三个等级）多达 90 余种，占总评估物种的 24%，其中极危 22 种。

　　长江流域的鱼类资源具有物种资源和渔业资源双重属性，鱼类资源的兴衰直接影响到长江流域的鱼类生物多样性和水域生态环境健康，以及我国淡水渔业的可持续发展。为了保护长江鱼类资源，2003 年以来，长江流域实行每年 3～4 个月的禁渔期，但是每年短暂的休渔时间，仍难以取得理想的鱼类种群保护效果。2019 年 12 月，《农业农村部关于长江流域重点水域禁捕范围和时间的通告》发布，宣布长江干流和重要支流除水生生物自然保护区和水产种质资源保护区以外的天然水域，最迟自 2021 年 1 月 1 日 0 时起实行暂定为期 10 年的常年禁捕，这期间禁止天然渔业资源的生产性捕捞，实施长江十年禁渔计划。

2.3　试验鱼种的生态习性

　　栖息地（产卵场、索饵场、越冬场）及栖息地之间洄游通道的畅通对于鱼类的生命活动来说是至关重要的。针对长江流域鱼类洄游需求、种质资源现状及试验鱼的易获取性，游泳能力试验研究对象主要选择急流环境中产黏性卵的鱼种和流水中产漂流性卵的鱼种（该类鱼种的肥育水域与产卵水域差别很大，具有非常明显的生殖和索饵的洄游需求），包括 2 目、3 科、8 种，即鲇形目—鳕科的黄颡鱼、大鳍鳠、长吻鮠，鲇形目—鲇科的大口鲇，鲤形目—鲤科的岩原鲤、中华倒刺鲃、白甲鱼及"四大家鱼"中的草鱼。

2.3.1　黄颡鱼

　　黄颡鱼（*Pelteobagrus fulvidraco*）是鲇形目—鳕科—黄颡鱼属鱼类，又称黄腊丁、黄拐头。多栖息于缓流多水草的湖周浅水区和入湖河流处，营底栖生活，尤其喜欢生活在静水或缓流的浅滩，且腐殖质和淤泥多的地方。杂食性，自然条件下以动物性饲料为主要食物，鱼苗阶段以浮游动物为食，成鱼则以昆虫及其幼虫、小鱼虾、螺蚌等为食，也吞食植物碎屑。

白天潜伏水底或石缝中，夜间活动、觅食，冬季则聚集于深水处。适应性强，即使在恶劣的环境下也可生存，甚至离水 $5\sim6$ h 尚不致死。黄颡鱼较耐低氧，溶解氧 2 mg/L 以上时能正常生存。黄颡鱼的生存水温为 $1\sim38$℃，在 $8\sim36$℃范围内温度对黄颡鱼成活率的影响不大，而与生长有较大关系，其生长水温为 $16\sim34$℃，适宜水温为 $22\sim28$℃。

黄颡鱼为一年一次性产卵型鱼类，在自然条件下有集群繁殖习性。繁殖季节在 5 月中旬$\sim$7 月中旬，水温变化幅度为 $25\sim30.5$℃。黄颡鱼一般在 2 龄时性成熟，最小成熟个体中雌鱼体长 11.5 cm，雄鱼体长 13.5 cm，雌鱼的性成熟较雄鱼早。黄颡鱼的主要繁殖区域在水位浅、底质硬、有一定滩脚、透明度高、水流缓慢、饵料资源丰富、适宜筑巢孵化的水域。

黄颡鱼主要分布在长江干流中上游及其主要支流金沙江、雅砻江、岷江、沱江、嘉陵江、乌江下游。

2.3.2 大鳍鱯

大鳍鱯（*Mystus macropterus*）是鲇形目—鲿科—鱯属鱼类，又称石扁头、挨打头、江鼠。体裸露无鳞，侧线平直。多在江河流水、底质多砾石的环境中生活，也出现于沟渠、溪流上游。底栖，肉食，主要以底栖无脊椎动物如水生昆虫成虫及幼虫、螺、虾、蟹为食，也食小鱼。多在夜间觅食，无明显季节变化。嘉陵江个体 1 龄体重约 30 g，3 龄体重约 119 g，5 龄体重约 280 g。雄性体重 30 g、雌性 100 g 以上即达性成熟。$6\sim7$ 月为繁殖季节，在流水滩上产卵，卵黏附于石块上发育，属于急流环境中产黏性卵的鱼种。

大鳍鱯主要分布在长江干流中上游及其支流，包括金沙江、大渡河、青衣江、渠江、涪江、龙溪河、大宁河、乌江下游、岷江、沱江中下游、嘉陵江、任河上游、酉水等。

2.3.3 长吻鮠

长吻鮠（*Leiocassis longirostris*）是鲇形目—鲿科—鮠属鱼类，又称江团、肥沱。底层鱼类，常在水流较缓、水深且石块多的河湾水域里生活。白天多潜伏于水底或石缝内，夜间外出寻食。觅食时也在水体的中、下层活动；冬季多在干流深水处多砾石区域的砾石夹缝中越冬。主要以水生昆虫及其幼虫、甲壳类、小型软体动物和小型鱼类为食。长吻鮠属温水性鱼类，生存水温为 $0\sim38$℃，生长水温为 $15\sim30$℃，水体 pH 为 $6.5\sim9.0$，最适水体 pH 为 $7.0\sim8.4$，不耐低氧。长吻鮠达到性成熟的最小年龄为 3 龄，一般为 $4\sim5$ 龄。成鱼每年 $3\sim4$ 月开始成熟，并上溯至砾石底质的河水急流处产卵，属于急流环境中产黏性卵的鱼种。产卵期为 $4\sim6$ 月，8 月左右下退。

长吻鮠主要分布在长江干流中上游及其支流，包括岷江、嘉陵江中下游、金沙江、乌江、大宁河、沱江、雅砻江、渠江、涪江下游等。

2.3.4　大口鲇

大口鲇（*Silurus meridionalis* Chen）是鲇形目—鲇科—鲇属鱼类，又称六须鲇、河鲇华、叉口鲇、鲇巴朗、大河鲇、大鲇鲃。口裂末端达到或超过眼中部的下方。上颌须达到胸鳍基部。胸鳍刺前缘具 2～3 排颗粒状突起。尾鳍不对称，上叶比下叶长。属温水性鱼类，生存适宜水温为 0～38℃，生长水温为 12～30℃，适宜生长水温为 25～28℃。属底层鱼类，白天大多成群潜伏在池底，夜间分散出来活动。肉食性鱼类，主要吃鱼、虾、水生昆虫、底栖生物等。产卵期较长，4～6 月为产卵盛期。产卵水温为 18～28℃，最适宜产卵水温为 22～25℃。产卵场为急流滩，底质为砾石或砂质，卵为沉性卵，油黄色，扁球形，具有较弱的黏性。大口鲇属于急流环境中产黏性卵的鱼种。

大口鲇主要分布在长江干流及其支流，包括金沙江、雅砻江、安宁河、岷江、大渡河、沱江、嘉陵江、渠江、涪江、大宁河等。

2.3.5　岩原鲤

岩原鲤（*Procypris rabaudi*）是鲤形目—鲤科—鲤亚科—原鲤属鱼类，又称水子、黑鲤鱼、岩鲤、墨鲤，是中国的特有物种。在长江上游渔业中，经济价值较高。在流动的深水中生活，以底栖动物和水生植物为食，常在岩石缝隙间巡游觅食。冬天潜入岩穴或深坑越冬。岩原鲤属于广温性鱼类，其生存水温为 1.5～37℃，生长水温为 2～36℃，适宜水温为 18～30℃。在溶解氧为 2.0～2.5 mg/L 时仍能正常生活，最佳摄食生长溶解氧为 3 mg/L 以上。最小成熟年龄为 4 龄，2 月开始向产卵场游动，2～4 月在水质清澄、底质为砾石的急滩处分批产卵，卵黏附在石块上，属于急流环境中产黏性卵的鱼种。岩原鲤生长速度较慢，一般 4 龄鱼才达 0.5 kg 左右；10 龄鱼的体长为 59 cm，体重为 4 kg；常见个体体重为 0.2～1.0 kg，据记载最大个体体重可达 10.0 kg。

岩原鲤主要分布在长江上游各支流，以嘉陵江和岷江较多，其次是长江干流。

2.3.6　中华倒刺鲃

中华倒刺鲃（*Spinibarbus sinensis*）是鲤形目—鲤科—鲃亚科—倒刺鲃属鱼类，又称青波。体略侧扁，触须 2 对，侧线鳞 29～34 个，背鳍具带锯齿的硬刺，其起点在腹鳍起点的前上方。在背鳍起点处向前有一平卧的倒刺，埋于皮内。河道型底层生活鱼类，栖息于底质为砾石的山地河流当中，白天多生活于湾沱和深潭之中，夜间到生长水草及水生藻类的岸边浅水地带觅食，为杂食性鱼类，以摄食着生的丝状藻类、高等植物碎片、水生昆虫、淡水壳菜为主。个体较大，通常 3 冬龄达到性成熟，成熟鱼体体重一般在

1（雄鱼）～1.8 kg（雌鱼），最大可达 5 kg 以上，是一种重要的经济鱼类。中华倒刺鲃冬天在深坑岩穴中越冬，春季进入支流或上游产卵，产卵季节具有短距离洄游习性。产卵期较长，通常在嘉陵江及其分支河流 3 月就开始产卵，一直持续到 6 月中旬结束，产卵高峰期是 5 月上旬～6 月上旬。产卵环境为水流湍急的江河底部或浅滩，鱼卵常常随着水体环境的不同呈现出不同的黏性或漂流性。

中华倒刺鲃主要分布在长江干流、岷江、嘉陵江、沱江、青衣江、大渡河、金沙江、渠江、涪江及安宁河等。

2.3.7 白甲鱼

白甲鱼（*Onychostonua sima*）是鲤形目—鲤科—鲃亚科—白甲鱼属鱼类，又称瓜溜、圆头鱼。体较高，头短阔，吻圆钝。口颇宽，下位，横裂，下颌具角质边缘。成鱼无须，侧线鳞 46～49 个。背鳍硬刺具锯齿。栖息于水流较急、底质多砾石的江段，冬季在岩穴深处或深坑中越冬。常以下颌刮取藻类为食。雌鱼体重约 0.5 kg 开始性成熟。产卵期较长，长江流域为 4～6 月。产卵场多为砾石及沙滩的急流处，卵附着在水底砾石上进行孵化，属于急流环境中产黏性卵的鱼种。生长速度较快，3 冬龄鱼平均体长为 37.1 cm，平均体重达 1.14 kg，3 冬龄以后生长较缓慢。常见个体体重 0.25～2 kg，最大个体体重达 6.5 kg。白甲鱼属于广温性鱼类，适应温度范围为 0～36℃，适宜水温为 18～28℃。

白甲鱼主要分布在长江干流、岷江、嘉陵江、涪江、青衣江、大渡河、安宁河、金沙江及大宁河等。

2.3.8 草鱼

草鱼（*Ctenopharyngodon idellus*）是鲤形目—鲤科—雅罗鱼亚科—草鱼属鱼类，又称草棒、草根、皖鱼、鲩、油鲩、草鲩、鲩鱼、白鲩等。体长，略呈圆筒形，后部稍侧扁，腹部圆，尾柄长。吻端较钝，短而宽。唇稍厚，口角无须。背鳍较小，外缘稍突出，胸鳍较长，不达腹鳍基部。臀鳍较短，后缘平截。尾鳍叉形，上下叶等长，末端稍圆。体呈茶黄色，背部色深，呈青灰色，腹部灰白色，腹鳍浅黄色。草鱼栖息于平原地区的江河湖泊，一般喜居于水的中下层和近岸多水草区域，性活泼，游泳迅速，成鱼以水草为主要食物，是典型的草食性鱼类。幼鱼阶段主要食动物性饵料。草鱼生长迅速，尤其以 2～3 龄生长最快，在饵料充足的条件下，当年即可长到 0.25～0.5 kg，第三年可达 2.5～5.0 kg，性成熟后成长显著减慢。草鱼第一次性成熟一般为 4～5 龄，繁殖季节在 4～5 月，产卵场一般在水流湍急、流态复杂的江段（如重庆至宜昌段、金沙江下游等），受精卵因吸水膨胀，卵径可达 5 mm 左右，可顺水漂流。进入冬季后，草鱼在干流或湖泊的深水处越冬。

草鱼主要分布在长江中下游、黄河、黑龙江、珠江等水系，在长江流域主要分布在长江干流、嘉陵江、沱江、岷江、金沙江下游。

上述鱼种的基本生态习性见表 2.1。

表 2.1 试验鱼的生态习性

序号	种类	目科	栖息环境	产卵环境	繁殖时间	卵特征	生长水温 /℃	适宜水温 /℃	适宜溶解氧 /(mg/L)
1	黄颡鱼	鲇形目—鲿科	缓流多水草，底栖生活	水位浅，底质硬，有一定滩脚、透明度高，水流缓慢，饵料丰富	5月中旬~7月中旬	黏性卵	16~34	22~28	>2
2	大鳍鳠	鲇形目—鲿科	流水环境，底质多砾石，底栖	流水滩，砾石	6~7月	黏性卵	18~28	—	>4
3	长吻鮠	鲇形目—鲿科	底栖，水流较缓，石块多	砾石底质的河水急流处	4~6月	黏性卵	15~30	25~28	>2.5
4	大口鲇	鲇形目—鲇科	底栖	急流滩，砾石或砂质	4~6月	沉性卵，弱黏	12~30	25~28	>3
5	岩原鲤	鲤形目—鲤科	底层，缓流，底质多岩石	支流急滩，砾石	2~4月	黏性卵	2~36	18~30	>2
6	中华倒刺鲃	鲤形目—鲤科	河道型全底层，底质砾石	水流湍急河底部或浅滩	3~6月	微黏性卵	10~32	20~30	>4
7	白甲鱼	鲤形目—鲤科	水流较急，底质多砾石	砾石及沙急滩急流处，浅滩	4~6月	黏性卵	8~31	18~28	>1.3
8	草鱼	鲤形目—鲤科	平原地区江河湖泊等水域的中下层和近岸多水草区域	水流湍急，流态复杂的江段	4~5月	无黏性卵，半漂浮	0.5~38	20~32	>3

2.4　试验内容及方法

　　鱼类在长时间的进化过程中形成了与其栖息环境相适应的生态习性,其中游泳能力是关乎鱼类生存的至关重要的因素。鱼类游泳能力与其在水流中位置的保持、食物与配偶的搜索、适宜生境的探寻、捕食活动、穿越急流、逃避天敌和穿梭复杂生境的能力等生态行为密切相关。鱼类游泳能力指标是鱼道、鱼梯、升鱼机及诱鱼系统等过鱼设施水力设计的基础依据,针对上述 8 个典型鱼种,在调研分析主要鱼类生态习性的基础上,开展鱼类游泳能力试验,获取游泳能力特征参数——临界游泳速度、突进游泳速度及感应流速,为鱼道水力学研究和设计提供基本参数,也可作为《水利水电工程鱼道设计导则》(SL 609—2013)中鱼类游泳特性指标的有益补充。

2.4.1　试验内容

1. 临界游泳速度

　　持久游泳速度也称巡游游泳速度,是指鱼类在特定水流条件下可以长时间逆流游泳而不至于疲劳的速度,一般采用游泳时间超过 200 min 的持续游泳速度阈值来表示。而临界游泳速度是指持久游泳速度的最大值,用来反映鱼类最大有氧游泳运动能力。通常将临界游泳速度作为鱼道池室主流设计流速的重要参考值。

2. 突进游泳速度

　　突进游泳速度也称为爆发游泳速度,是鱼类在短时间内能达到的最大游泳速度,通常采用 20 s 以内的鱼类游泳速度阈值,是鱼道内竖缝、孔口等高流速区水力设计的参考依据。

3. 感应流速

　　感应流速是鱼类能够辨别水流方向的最小流速,反映了鱼类对水流方向的感知能力。过鱼设施进口水流、鱼道池室主流的最小流速均应大于鱼类的感应流速,这样鱼类才能快速感应出洄游方向。

2.4.2　试验方法

1. 试验装置

　　鱼类游泳能力和行为特性指标采用密闭空间中流速可调的均匀流场,通过鱼类被动游泳试验来测定。试验过程中认为鱼类游泳速度与水流速度相等,通过一定时间内的流速递增,观察试验鱼的游泳行为。鱼类游泳能力测试水槽见图 2.1。国内外科研人员普遍应用此型水槽开展鱼类游泳能力测试、与鱼类游泳行为相关的生理指标测定。

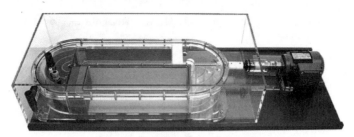

图 2.1　鱼类游泳能力测试水槽

鱼类游泳能力测试水槽采用有机玻璃制作，其平面类似椭圆形跑道，在一侧转弯段装有变频电机，电机带动螺旋桨在装置内制造循环水流，流速可通过调控电机转速来调节。试验段长度为 80 cm，试验段的过水断面为 25 cm×25 cm 的正方形。为使试验段的流场均匀稳定，试验装置两侧均设有弧形导流板，且在试验段上游紧接导流板处设有管簇整流栅。为使试验鱼始终在试验区内被动游泳，试验段两头均设有拦鱼网。在试验段上方和侧面各设有一个摄像机来记录试验全过程。鱼类游泳能力测试水槽的平面示意图见图 2.2。

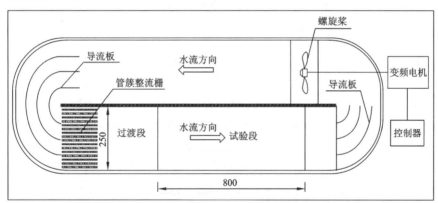

图 2.2　鱼类游泳能力测试水槽平面示意图（单位：mm）

试验前采用毕托管对水槽试验区前、中、后三个断面的流速进行率定，每个断面测量左、中、右三条测流垂线上的流速，每条测流垂线上每隔 5 cm 水深设置一个流速测点，断面流速取各流速测点的平均值，可建立起变频电机频率与试验区流速之间的定量关系。试验区内不同深度的流速平均值与变频电机频率之间的关系见图 2.3，可见不同深度的平均流速、整个断面的平均流速与变频电机频率均呈线性关系，且一致性非常好。试验区流速分布的不均匀系数采用式（2.1）进行计算，以分析试验段断面流速的均匀性。分析结果表明，试验段断面流速分布的不均匀系数仅为 0.055，说明采用整流设施后，试验段的水流非常均匀，能够满足试验精度要求。

$$\alpha = \sqrt{\frac{\sum_{i=1}^{n}(v_i/\bar{v}-1)^2}{n}} \tag{2.1}$$

式中：α 为试验段断面流速分布的不均匀系数；v_i 为各测点的水流流速（m/s）；$\bar{v}$ 为断面平均水流流速（m/s）；n 为断面的测点个数。

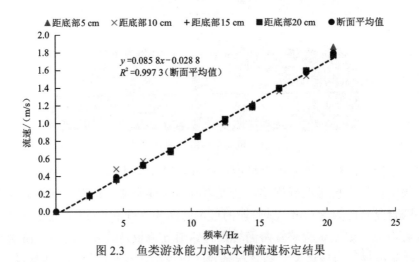

（扫一扫，看彩图）

图 2.3　鱼类游泳能力测试水槽流速标定结果

2. 试验步骤

临界游泳速度、突进游泳速度、感应流速均采用流速递增量法测定。

1）临界游泳速度测定方法

首先进行 3 次预试验，对试验鱼的临界游泳速度进行摸底，每次选取 1 尾鱼放入试验段进行预试验，试验前使试验鱼在小于 0.1 m/s 的流速下适应 1 h；然后每 2 min 增加 0.4 BL/s（BL 为试验鱼体长），直至鱼疲劳，记录此时的流速。将 3 次预试验得到的流速的平均值作为临界游泳速度的预估值，供正式试验参考。试验鱼疲劳的判断标准为：试验鱼被水流冲至试验段下游拦鱼网上无法游动的时间超出 20 s。

正式试验时，将单尾试验鱼放入试验段中，使其在小于 0.1 m/s 的流速下适应 1 h 以消除转移过程对鱼体的胁迫。测试开始后，每隔 5 min 增加 0.5 BL/s 的水流速度至 60%的预估临界游泳速度；然后每隔 20 min 增加 15%的预估临界游泳速度，同时观察、记录鱼的游泳行为，直至试验鱼疲劳无法继续游动，此时结束试验。记录此时的水流速度和游泳时间。试验时，摄像机全程记录测试过程。

临界游泳速度按式（2.2）计算：

$$U_{\text{crit}} = U + \frac{\Delta U \cdot t}{\Delta t} \tag{2.2}$$

式中：U_{crit} 为试验鱼的临界游泳速度（m/s）；U 为试验鱼疲劳的前一个水流速度（m/s）；ΔU 为流速递增量（m/s）；t 为在最高流速下游泳的时间（min）；Δt 为流速递增的时间间隔（min）。

2）突进游泳速度测定方法

首先对暂养 24 h 的鱼进行 3 次突进游泳速度预估试验，用于确定突进游泳速度试验的速度增量。每次选取 1 尾鱼放入试验段进行预试验，试验前使试验鱼在 1 BL/s 的流速下适应 1 h；然后每隔 20 s 增加 0.4 BL/s，直至鱼疲劳，记录此时的流速，并将 3 次预试验得到的流速的平均值作为突进游泳速度的预估值，供正式试验参考。试验鱼疲劳的判断标准为：试验鱼被水流冲至试验段下游拦鱼网上无法游动的时间超出 20 s。

正式试验时，将单尾试验鱼放入试验段中，使其在 1 BL/s 的流速下适应 1 h 以消除转移过程对鱼体的胁迫。测试开始后，将流速在 10 s 内增至 60% 的预估突进游泳速度，然后每隔 20 s 增加 15% 的预估突进游泳速度，同时观察、记录鱼的游泳行为，直至试验鱼疲劳无法继续游动，此时结束试验，记录此时的水流速度和游泳时间，测试完成后，记录试验鱼的体长和体重。

突进游泳速度按式（2.3）计算：

$$U_{burst} = U + \frac{\Delta U \cdot t}{\Delta t} \tag{2.3}$$

式中：U_{burst} 为突进游泳速度（m/s）；U 为试验鱼疲劳的前一个水流速度（m/s）；ΔU 为流速递增量（m/s）；t 为在最高流速下游泳的时间（min）；Δt 为流速递增的时间间隔（min）。

3）感应流速测定方法

试验时取 30 尾暂养 24 h 的试验鱼，分为 3 组，每组 10 条，置于鱼类游泳能力测试水槽中，在静水中适应 1 h 后逐步调大试验流速，同时观察鱼的游泳行为，当有超过半数的试验鱼改变游动方向开始逆流游动时，记录此时的流速，并作为感应流速。

3. 试验条件的控制

鱼类的生理因素和环境因素会对鱼类游泳行为产生一定的影响，因此在进行鱼类游泳能力试验的时候，需要尽量排除其他干扰因素。首先，为所捕捞的试验鱼营造良好的暂养条件；其次，试验的水环境条件要尽可能符合洄游期的实际水环境条件，并对试验鱼的生理条件和环境条件进行测量与记录。为了满足上述要求，采取以下措施对试验条件进行控制。

1）环境要素控制

从 2.3 节试验鱼的生态习性可知，本章所研究的鱼种的产卵洄游时间多数集中在 4～6 月，所以黄颡鱼、大鳍鳠、长吻鮠、大口鲇、岩原鲤、中华倒刺鲃、白甲鱼的游泳能力指标的测定时间为 4～6 月，与实际环境中鱼类的产卵洄游时间基本一致；而草鱼则是针对索饵洄游期的幼鱼开展游泳能力试验，其试验时间选择在索饵洄游的 7～8 月。试验地点为重庆南方大口鲇原种场，暂养和试验用水取自嘉陵江，这样就保证了试验的气温、水温、溶解氧条件与实际河流环境条件基本一致，以保障试验结果能够尽可能地反映鱼类在天然状态下的真实游泳能力。由于每条鱼的试验时间较长，为了避免由日照产生的温差，测试在室内进行。试验时采用 HQ40D 型溶氧仪记录试验水温和溶解氧数据，使用前输入当地气压值进行溶解氧校准。

2）试验鱼生命活力的保障

大口鲇由重庆南方大口鲇原种场提供，其他试验鱼在合川江段现场采集，可避免位置特异性引起的试验误差。野外捕获的试验鱼依托原种场的专业鱼类养殖条件暂养之后，再进行各项游泳能力的测试，以保障试验鱼的生命活力。为避免试验鱼疲劳或生理经验等因素影响试验结果，原则上一尾鱼 24 h 内只进行一项指标的测试（在试验鱼捕获量允许的条件下，每条试验鱼只参加一项指标的测试）。

2.5　临界游泳速度和突进游泳速度测定结果

通常情况下，对于同一种鱼，试验鱼的游泳能力和体长成正比。体长是指从鱼类吻端或下颌前端到尾鳍基（最末尾椎骨）的长度。试验时对试验鱼的基本生理特征进行记录，包括试验鱼体长、体重。试验鱼体长采用钢板尺测量，体重采用电子天平测量。试验所用到的试验鱼的生理指标及水环境指标见表 2.2。

表 2.2　试验鱼信息表

序号	试验鱼种	体长/cm	体重/g	试验水温/℃	试验溶解氧/（mg/L）
1	黄颡鱼	7.0～15.0	3.22～52.39	23.5～26.7	4.97～5.00
2	大鳍鳠	13.0～23.0	20.13～84.40	23.9～24.1	4.15～4.66
3	长吻鮠	15.0～21.5	42.30～141.21	24.1～25.1	5.31～5.63
4	大口鲇	8.1～17.8	3.28～48.19	22.8～23.3	4.37～4.62
5	岩原鲤	6.8～10.0	5.88～20.24	24.6～25.5	4.45～5.05
6	中华倒刺鲃	6.9～13.0	6.67～39.59	25.8～27.5	4.77～4.84
7	白甲鱼	6.2～15.0	3.46～79.00	22.6～25.2	4.38～4.87
8	草鱼	5.74～15.00	1.90～35.00	25.5～28.0	6.01～6.50

2.5.1　黄颡鱼

试验所用黄颡鱼共 30 条，试验鱼体长与体重的关系见图 2.4。

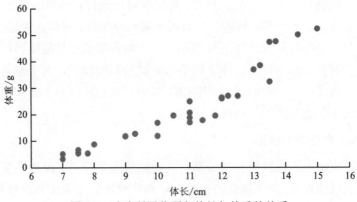

图 2.4　试验所用黄颡鱼体长与体重的关系

1. 临界游泳速度

临界游泳速度测定共用黄颡鱼样本 15 条，试验鱼体长 7.0～13.5 cm，体重 3.22～36.94 g，其临界游泳速度为 101.56～129.23 cm/s。黄颡鱼临界游泳速度随着体长的增加而增加，两者基本线性相关，试验得到的临界游泳速度与体长的关系如图 2.5 所示，由此得到的线性拟合关系式为

$$U_{crit} = 3.714\,7\,BL + 74.799, \quad R^2 = 0.671\,3 \quad\quad (2.4)$$

式中：U_{crit} 为临界游泳速度（cm/s）；BL 为试验鱼体长（cm）；R^2 为相关系数，也称决定系数，用于评价线性回归模型系数的拟合优度，R^2 一般为 0 和 1 之间的值，越靠近 1，说明拟合效果越好。

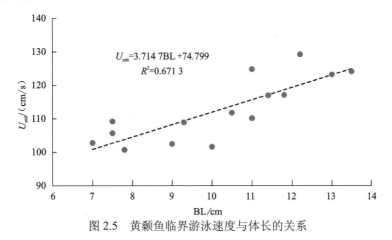

图 2.5　黄颡鱼临界游泳速度与体长的关系

试验得到的黄颡鱼的相对临界游泳速度为 9.19～14.68 BL/s，黄颡鱼相对临界游泳速度随着体长的增加而减小，两者基本线性相关，相对临界游泳速度与体长的关系如图 2.6 所示，由此得到的线性拟合关系式为

$$U'_{crit} = -0.809\,2\,BL + 19.622, \quad R^2 = 0.847\,1 \quad\quad (2.5)$$

式中：U'_{crit} 为相对临界游泳速度（BL/s），$U'_{crit} = U_{crit}/BL$；BL 为试验鱼体长（cm）。

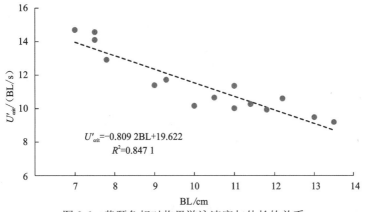

图 2.6　黄颡鱼相对临界游泳速度与体长的关系

2. 突进游泳速度

突进游泳速度测定共用黄颡鱼样本 15 条，试验鱼体长 7.0～15.0 cm，体重 5.06～52.39 g，其突进游泳速度为 124.96～175.98 cm/s。黄颡鱼突进游泳速度随着体长的增加而增加，两者基本线性相关，试验得到的突进游泳速度与体长的关系如图 2.7 所示，由此得到的线性拟合关系式为

$$U_{\text{burst}} = 5.466\ 8\ \text{BL} + 89.847, \qquad R^2 = 0.830\ 7 \tag{2.6}$$

式中：U_{burst} 为突进游泳速度（cm/s）。

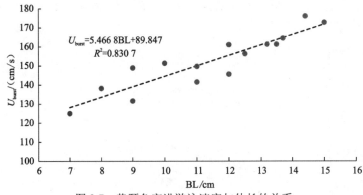

图 2.7　黄颡鱼突进游泳速度与体长的关系

试验得到的黄颡鱼的相对突进游泳速度为 11.51～17.85 BL/s，黄颡鱼相对突进游泳速度随着体长的增加而减小，两者基本线性相关，相对突进游泳速度与体长的关系如图 2.8 所示，由此得到的线性拟合关系式为

$$U'_{\text{burst}} = -0.810\ 3\ \text{BL} + 22.974, \qquad R^2 = 0.880\ 9 \tag{2.7}$$

式中：U'_{burst} 为相对突进游泳速度（BL/s），$U'_{\text{burst}} = U_{\text{burst}}/\text{BL}$；BL 为试验鱼体长（cm）。

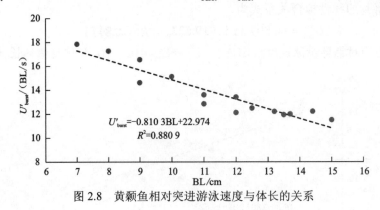

图 2.8　黄颡鱼相对突进游泳速度与体长的关系

2.5.2　大鳍鳠

试验所用大鳍鳠共 25 条，试验鱼体长与体重的关系见图 2.9。

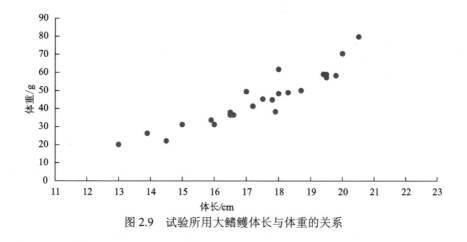

图 2.9　试验所用大鳍鳠体长与体重的关系

1. 临界游泳速度

临界游泳速度测定共用大鳍鳠样本 13 条，试验鱼体长 13.9～20.0 cm，体重 26.29～70.38 g，其临界游泳速度为 67.19～93.50 cm/s。大鳍鳠临界游泳速度随着体长的增加而增加，两者基本线性相关，试验得到的临界游泳速度与体长的关系如图 2.10 所示，由此得到的线性拟合关系式为

$$U_{\text{crit}} = 3.767\,6\,\text{BL} + 15.745, \qquad R^2 = 0.602\,1 \tag{2.8}$$

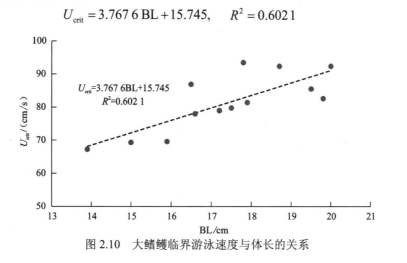

图 2.10　大鳍鳠临界游泳速度与体长的关系

试验得到的大鳍鳠的相对临界游泳速度为 4.17～5.26 BL/s，随着体长的增加，大鳍鳠相对临界游泳速度的增减趋势不明显,相对临界游泳速度与体长的关系如图 2.11 所示。在 13.9～20.0 cm 体长范围内，大鳍鳠的相对临界游泳速度较为均衡，集中在 4.0～5.5 BL/s，平均值为 4.68 BL/s。

2. 突进游泳速度

突进游泳速度测定共用大鳍鳠样本 12 条，试验鱼体长 13.0～23.0 cm，体重 20.13～84.40 g，其突进游泳速度为 104.45～155.15 cm/s。大鳍鳠突进游泳速度随着体长的增加

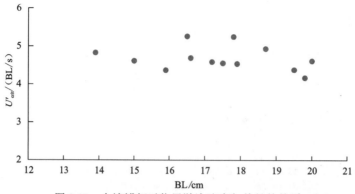

图 2.11　大鳍鳠相对临界游泳速度与体长的关系

而增加，两者基本线性相关，试验得到的突进游泳速度与体长的关系如图 2.12 所示，由此得到的线性拟合关系式为

$$U_{\text{burst}} = 4.35\,\text{BL} + 51.998, \qquad R^2 = 0.725\,6 \qquad (2.9)$$

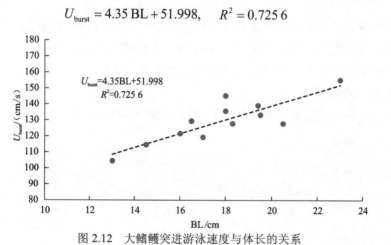

图 2.12　大鳍鳠突进游泳速度与体长的关系

试验得到的大鳍鳠的相对突进游泳速度为 6.24～8.07 BL/s，大鳍鳠相对突进游泳速度随着体长的增加而减小，两者基本线性相关，相对突进游泳速度与体长的关系如图 2.13 所示，由此得到的线性拟合关系式为

$$U'_{\text{burst}} = -0.166\,3\,\text{BL} + 10.294, \qquad R^2 = 0.582\,5 \qquad (2.10)$$

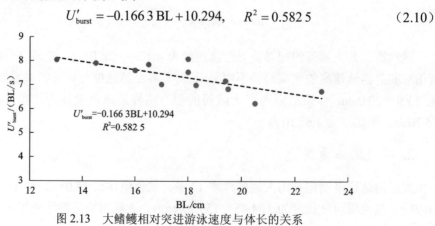

图 2.13　大鳍鳠相对突进游泳速度与体长的关系

2.5.3　长吻鮠

试验所用长吻鮠共 29 条，试验鱼体长与体重的关系见图 2.14。

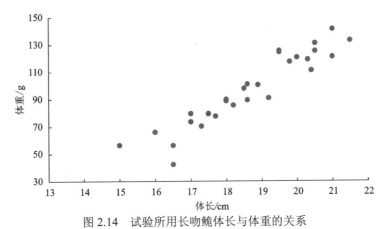

图 2.14　试验所用长吻鮠体长与体重的关系

1. 临界游泳速度

临界游泳速度测定共用长吻鮠样本 15 条，试验鱼体长 15.0～21.0 cm，体重 56.23～141.21 g，其临界游泳速度为 97.36～118.86 cm/s。长吻鮠临界游泳速度随着体长的增加而增加，两者基本线性相关，试验得到的临界游泳速度与体长的关系如图 2.15 所示，由此得到的线性拟合关系式为

$$U_{\text{crit}} = 3.266\,\text{BL} + 46.144, \quad R^2 = 0.737\,6 \tag{2.11}$$

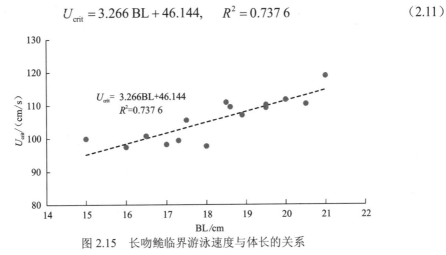

图 2.15　长吻鮠临界游泳速度与体长的关系

试验得到的长吻鮠的相对临界游泳速度为 5.38～6.66 BL/s，长吻鮠相对临界游泳速度随着体长的增加而减小，两者基本线性相关，相对临界游泳速度与体长的关系如图 2.16 所示，由此得到的线性拟合关系式为

$$U'_{\text{crit}} = -0.148\,3\,\text{BL} + 8.522\,7, \quad R^2 = 0.615\,5 \tag{2.12}$$

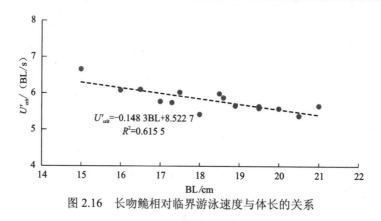

图 2.16　长吻鮑相对临界游泳速度与体长的关系

2. 突进游泳速度

突进游泳速度测定共用长吻鮑样本 14 条，试验鱼体长 16.5～21.5 cm，体重 42.30～130.96 g，其突进游泳速度为 129.14～149.67 cm/s。长吻鮑突进游泳速度随着体长的增加而增加，两者基本线性相关，试验得到的突进游泳速度与体长的关系如图 2.17 所示，由此得到的线性拟合关系式为

$$U_{burst} = 3.674\,1\,BL + 71.749, \quad R^2 = 0.783\,3 \tag{2.13}$$

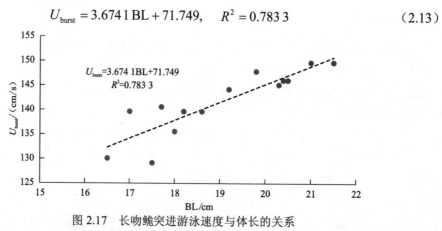

图 2.17　长吻鮑突进游泳速度与体长的关系

试验得到的长吻鮑的相对突进游泳速度为 6.96～8.21 BL/s，长吻鮑相对突进游泳速度随着体长的增加而减小，两者基本线性相关，相对突进游泳速度与体长的关系如图 2.18

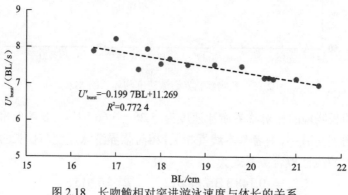

图 2.18　长吻鮑相对突进游泳速度与体长的关系

所示，由此得到的线性拟合关系式为

$$U'_{burst} = -0.199\,7\,BL + 11.269, \qquad R^2 = 0.772\,4 \tag{2.14}$$

2.5.4　大口鲇

试验所用大口鲇共 25 条，试验鱼体长与体重的关系见图 2.19。

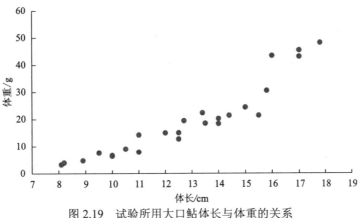

图 2.19　试验所用大口鲇体长与体重的关系

1. 临界游泳速度

临界游泳速度测定共用大口鲇样本 15 条，试验鱼体长 8.1～17.8 cm，体重 3.28～48.19 g，其临界游泳速度为 53.78～73.34 cm/s。大口鲇临界游泳速度随着体长的增加而增加，两者基本线性相关，试验得到的临界游泳速度与体长的关系如图 2.20 所示，由此得到的线性拟合关系式为

$$U_{crit} = 1.986\,BL + 38.121, \qquad R^2 = 0.804\,7 \tag{2.15}$$

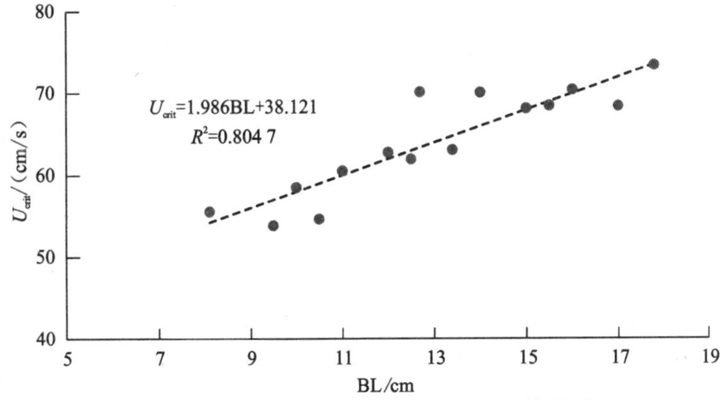

图 2.20　大口鲇临界游泳速度与体长的关系

试验得到的大口鲇的相对临界游泳速度为 4.02～6.85 BL/s，大口鲇相对临界游泳速度随着体长的增加而减小，两者基本线性相关，相对临界游泳速度与体长的关系如图 2.21

所示，由此得到的线性拟合关系式为

$$U'_{\text{crit}} = -0.242\,9\,\text{BL} + 8.2211, \quad R^2 = 0.870\,9 \quad\quad (2.16)$$

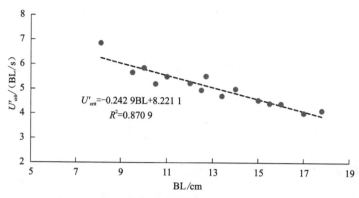

图 2.21　大口鲇相对临界游泳速度与体长的关系

2. 突进游泳速度

突进游泳速度测定共用大口鲇样本 10 条，试验鱼体长 8.2～17.0 cm，体重 3.98～43.09 g，其突进游泳速度为 90.09～118.73 cm/s。大口鲇突进游泳速度随着体长的增加而增加，两者基本线性相关，试验得到的突进游泳速度与体长的关系如图 2.22 所示，由此得到的线性拟合关系式为

$$U_{\text{burst}} = 2.810\,4\,\text{BL} + 70.198, \quad R^2 = 0.812\,9 \quad\quad (2.17)$$

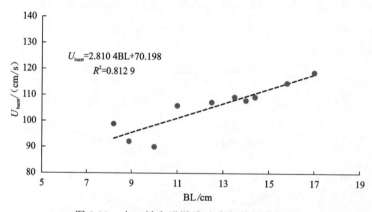

图 2.22　大口鲇突进游泳速度与体长的关系

试验得到的大口鲇的相对突进游泳速度为 6.98～12.06 BL/s，大口鲇相对突进游泳速度随着体长的增加而减小，两者基本线性相关，相对突进游泳速度与体长的关系如图 2.23 所示，由此得到的线性拟合关系式为

$$U'_{\text{burst}} = -0.503\,4\,\text{BL} + 15.033, \quad R^2 = 0.875\,2 \quad\quad (2.18)$$

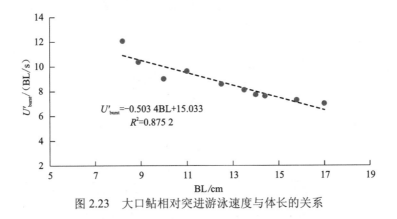

图 2.23 大口鲇相对突进游泳速度与体长的关系

2.5.5 岩原鲤

试验所用岩原鲤共 30 条，试验鱼体长与体重的关系见图 2.24。

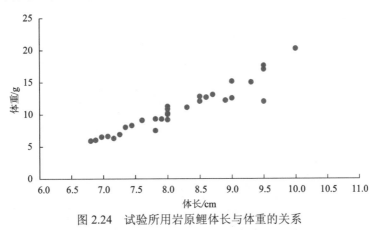

图 2.24 试验所用岩原鲤体长与体重的关系

1. 临界游泳速度

临界游泳速度测定共用岩原鲤样本 15 条，试验鱼体长 6.9～10.0 cm，体重 6.50～20.24 g，其临界游泳速度为 56.42～92.05 cm/s。岩原鲤临界游泳速度随着体长的增加而增加，两者基本线性相关，试验得到的临界游泳速度与体长的关系如图 2.25 所示，由此得到的线性拟合关系式为

$$U_{crit} = 10.466\,BL - 15.959, \quad R^2 = 0.815\,7 \tag{2.19}$$

试验得到的岩原鲤的相对临界游泳速度为 7.44～9.75 BL/s，随着体长的增加，岩原鲤相对临界游泳速度的增减趋势不明显，相对临界游泳速度与体长的关系如图 2.26 所示。在 6.9～10.0 cm 体长范围内，岩原鲤的相对临界游泳速度变化不大，主要集中在 8～10 BL/s，平均值为 8.53 BL/s。

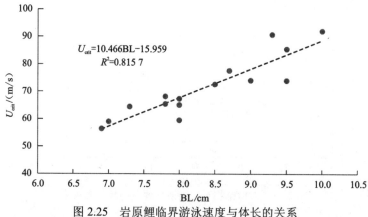

图 2.25　岩原鲤临界游泳速度与体长的关系

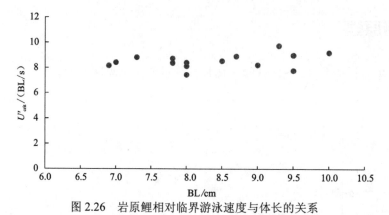

图 2.26　岩原鲤相对临界游泳速度与体长的关系

2. 突进游泳速度

突进游泳速度测定共用岩原鲤样本 15 条，试验鱼体长 6.8～9.5 cm，体重 5.88～16.99 g，其突进游泳速度为 92.90～129.84 cm/s。岩原鲤突进游泳速度随着体长的增加而增加，两者基本线性相关，试验得到的突进游泳速度与体长的关系如图 2.27 所示，由此得到的线性拟合关系式为

$$U_{burst} = 11.37\,BL + 20.112, \quad R^2 = 0.748\,8 \tag{2.20}$$

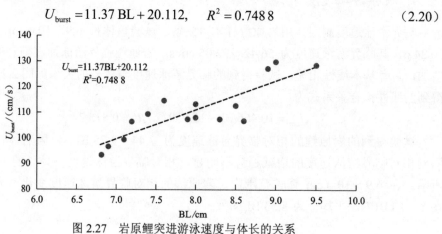

图 2.27　岩原鲤突进游泳速度与体长的关系

试验得到的岩原鲤的相对突进游泳速度为 12.42～15.09 BL/s，随着体长的增加，岩原鲤相对突进游泳速度的增减趋势不明显，相对突进游泳速度与体长的关系如图 2.28 所示。在 6.8～9.5 cm 体长范围内，岩原鲤的相对突进游泳速度变化不大，集中在 12～16 BL/s，平均值为 13.92 BL/s。

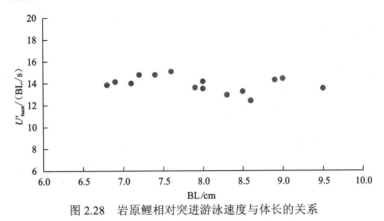

图 2.28　岩原鲤相对突进游泳速度与体长的关系

2.5.6　中华倒刺鲃

试验所用中华倒刺鲃共 22 条，试验鱼体长与体重的关系见图 2.29。

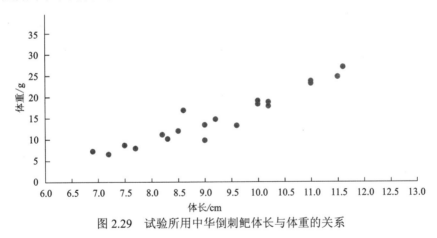

图 2.29　试验所用中华倒刺鲃体长与体重的关系

1. 临界游泳速度

临界游泳速度测定共用中华倒刺鲃样本 12 条，试验鱼体长 6.9～13.0 cm，体重 6.67～39.59 g，其临界游泳速度为 130.31～189.31 cm/s。中华倒刺鲃临界游泳速度随着体长的增加而增加，两者基本线性相关，试验得到的临界游泳速度与体长的关系如图 2.30 所示，由此得到的线性拟合关系式为

$$U_{\text{crit}} = 9.751\,\text{BL} + 70.12, \quad R^2 = 0.866\,1 \tag{2.21}$$

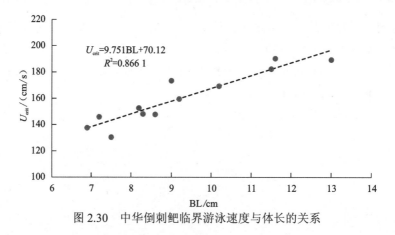

图 2.30   中华倒刺鲃临界游泳速度与体长的关系

试验得到的中华倒刺鲃的相对临界游泳速度为 14.56～20.25 BL/s，中华倒刺鲃相对临界游泳速度随着体长的增加而减小，两者基本线性相关，相对临界游泳速度与体长的关系如图 2.31 所示，由此得到的线性拟合关系式为

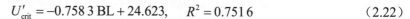

$$U'_{\text{crit}} = -0.758\,3\,\text{BL} + 24.623, \quad R^2 = 0.751\,6 \tag{2.22}$$

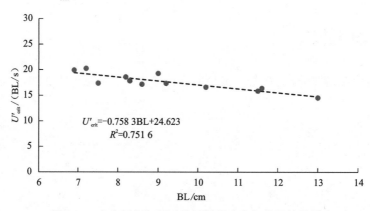

图 2.31   中华倒刺鲃相对临界游泳速度与体长的关系

2. 突进游泳速度

突进游泳速度测定共用中华倒刺鲃样本 10 条，试验鱼体长 7.7～12.4 cm，体重 8.02～38.94 g，其突进游泳速度为 146.05～220.31 cm/s。中华倒刺鲃突进游泳速度随着体长的增加而增加，两者基本线性相关，试验得到的突进游泳速度与体长的关系如图 2.32 所示，由此得到的线性拟合关系式为

$$U_{\text{burst}} = 14.372\,\text{BL} + 48.463, \quad R^2 = 0.778 \tag{2.23}$$

试验得到的中华倒刺鲃的相对突进游泳速度为 17.29～20.98 BL/s，随着体长的增加，中华倒刺鲃相对突进游泳速度的增减趋势不明显，变化不大，相对突进游泳速度与体长的关系如图 2.33 所示。在 7.7～12.4 cm 体长范围内，中华倒刺鲃的相对突进游泳速度的平均值为 19.32 BL/s。

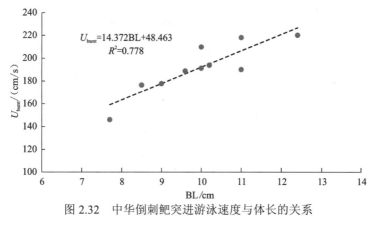

图 2.32　中华倒刺鲃突进游泳速度与体长的关系

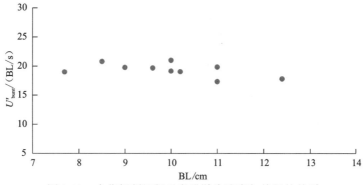

图 2.33　中华倒刺鲃相对突进游泳速度与体长的关系

2.5.7　白甲鱼

试验所用白甲鱼共 30 条，试验鱼体长与体重的关系见图 2.34。

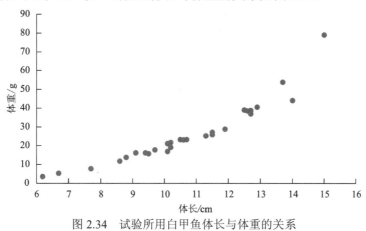

图 2.34　试验所用白甲鱼体长与体重的关系

1. 临界游泳速度

临界游泳速度测定共用白甲鱼样本 15 条，试验鱼体长 6.2～14.0 cm，体重 3.46～

43.99 g，其临界游泳速度为 124.18～178.94 cm/s。白甲鱼临界游泳速度随着体长的增加而增加，两者基本线性相关，试验得到的临界游泳速度与体长的关系如图 2.35 所示，由此得到的线性拟合关系式为

$$U_{crit} = 7.115\,3\,BL + 78.928, \quad R^2 = 0.755\,3 \quad (2.24)$$

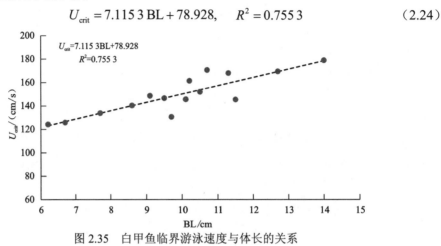

图 2.35   白甲鱼临界游泳速度与体长的关系

试验得到的白甲鱼的相对临界游泳速度为 12.63～20.03 BL/s，白甲鱼相对临界游泳速度随着体长的增加而减小，两者基本线性相关，相对临界游泳速度与体长的关系如图 2.36 所示，由此得到的线性拟合关系式为

$$U'_{crit} = -0.904\,5\,BL + 24.417, \quad R^2 = 0.793\,5 \quad (2.25)$$

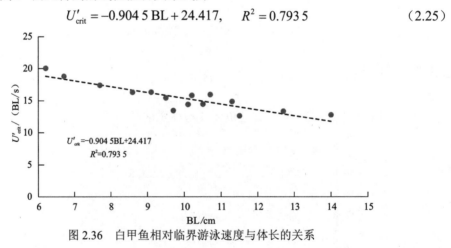

图 2.36   白甲鱼相对临界游泳速度与体长的关系

2. 突进游泳速度

突进游泳速度测定共用白甲鱼样本 15 条，试验鱼体长 6.7～15.0 cm，体重 5.19～79.00 g，其突进游泳速度为 114.50～201.36 cm/s。白甲鱼突进游泳速度随着体长的增加而增加，两者基本线性相关，试验得到的突进游泳速度与体长的关系如图 2.37 所示，由此得到的线性拟合关系式为

$$U_{burst} = 9.472\,9\,BL + 60.26, \quad R^2 = 0.786\,5 \quad (2.26)$$

试验得到的白甲鱼的相对突进游泳速度为 12.55～17.09 BL/s，白甲鱼相对突进游

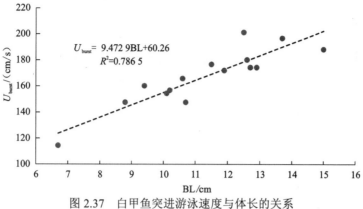

图 2.37 白甲鱼突进游泳速度与体长的关系

泳速度随着体长的增加而减小，两者基本线性相关，相对突进游泳速度与体长的关系如图 2.38 所示，由此得到的线性拟合关系式为

$$U'_{\text{burst}} = -0.531\,4\,\text{BL} + 21.028, \quad R^2 = 0.6711 \tag{2.27}$$

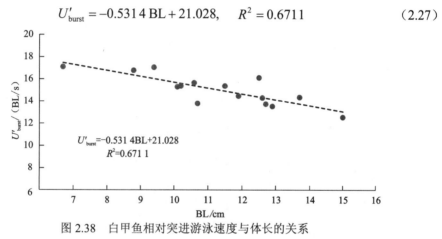

图 2.38 白甲鱼相对突进游泳速度与体长的关系

2.5.8 草鱼

试验所用草鱼共 52 条，试验鱼体长与体重的关系见图 2.39。

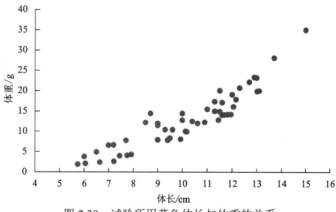

图 2.39 试验所用草鱼体长与体重的关系

1. 临界游泳速度

临界游泳速度测定共用草鱼样本 22 条，试验鱼体长 5.74～13.10 cm，体重 1.90～20.00 g，其临界游泳速度为 67.53～99.64 cm/s。草鱼临界游泳速度随着体长的增加而增加，两者基本线性相关，试验得到的临界游泳速度与体长的关系如图 2.40 所示，由此得到的线性拟合关系式为

$$U_{\text{crit}} = 3.960\,\text{BL} + 47.494, \qquad R^2 = 0.837 \qquad (2.28)$$

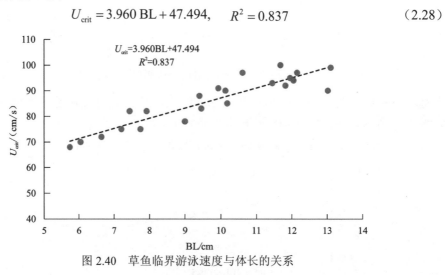

图 2.40　草鱼临界游泳速度与体长的关系

试验得到的草鱼的相对临界游泳速度为 6.89～11.76 BL/s，草鱼相对临界游泳速度随着体长的增加而减小，两者基本线性相关，相对临界游泳速度与体长的关系如图 2.41 所示，由此得到的线性拟合关系式为

$$U'_{\text{crit}} = -0.573\,\text{BL} + 14.729, \qquad R^2 = 0.915 \qquad (2.29)$$

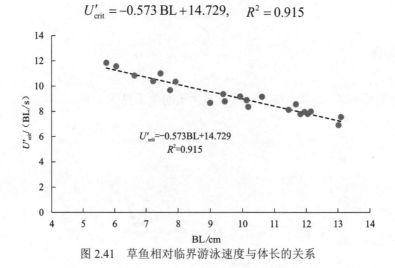

图 2.41　草鱼相对临界游泳速度与体长的关系

2. 突进游泳速度

突进游泳速度测定共用草鱼样本 30 条，试验鱼体长 6.00～15.00 cm，体重 3.80～

35.00 g，其突进游泳速度为 81.70～135.06 cm/s。草鱼突进游泳速度随着体长的增加而增加，两者基本线性相关，试验得到的突进游泳速度与体长的关系如图 2.42 所示，由此得到的线性拟合关系式为

$$U_{\text{burst}} = 6.637\,\text{BL} + 37.572, \qquad R^2 = 0.862 \tag{2.30}$$

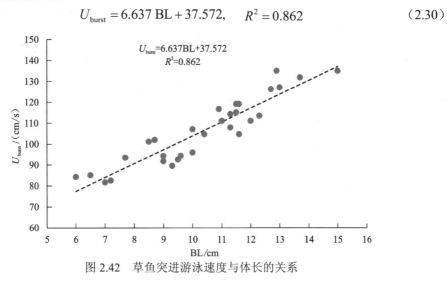

图 2.42　草鱼突进游泳速度与体长的关系

试验得到的草鱼的相对突进游泳速度为 9.00～14.04 BL/s，草鱼相对突进游泳速度随着体长的增加而减小，两者基本线性相关，相对突进游泳速度与体长的关系如图 2.43 所示，由此得到的线性拟合关系式为

$$U'_{\text{burst}} = -0.430\,\text{BL} + 14.908, \qquad R^2 = 0.631 \tag{2.31}$$

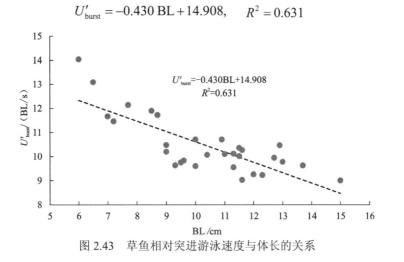

图 2.43　草鱼相对突进游泳速度与体长的关系

2.6　感应流速测定结果

采用 2.4.2 小节所述的鱼类感应流速测试方法，测得 8 种试验鱼的感应流速，见表 2.3。体长 7.0～15.0 cm 的黄颡鱼的平均感应流速为 9 cm/s；体长 13.0～23.0 cm 的大

鳍鲅的平均感应流速为 6 cm/s；体长 15.0～21.5 cm 的长吻鮠的平均感应流速为 9 cm/s；体长 8.1～17.8 cm 的大口鲇的平均感应流速为 14 cm/s；体长 6.8～10.0 cm 的岩原鲤的平均感应流速为 10 cm/s；体长 6.9～13.0 cm 的中华倒刺鲃的平均感应流速为 8 cm/s；体长 6.2～15.0 cm 的白甲鱼的平均感应流速为 7 cm/s；体长 10.3～16.0 cm 的草鱼的平均感应流速为 13 cm/s。在进行鱼道水流设计时，要确保池室内的主流流速大于感应流速，这样鱼类上溯时容易感知来流从而确认洄游方向。

表 2.3　感应流速试验结果表

序号	试验鱼种	体长/cm	平均感应流速/（cm/s）
1	黄颡鱼	7.0～15.0	9
2	大鳍鲅	13.0～23.0	6
3	长吻鮠	15.0～21.5	9
4	大口鲇	8.1～17.8	14
5	岩原鲤	6.8～10.0	10
6	中华倒刺鲃	6.9～13.0	8
7	白甲鱼	6.2～15.0	7
8	草鱼	10.3～16.0	13

2.7　讨论与启示

　　鱼类游泳能力指标是分析鱼类游泳行为对水流响应机制的重要参数，是鱼道水力学研究的基础。长江中上游水电开发密集，且为生态环境相对脆弱地区，该区域对过鱼设施有强烈的需求，因此结合长江中上游的实际需求，在该区域选择目标鱼种作为研究对象，具有一定的典型性。本章根据长江流域鱼类洄游需求，针对急流环境中产黏性卵的鱼种和流水中产漂流性卵的鱼种开展游泳能力试验研究，包括 2 目、3 科、8 种，即鲇形目—鲿科的黄颡鱼、大鳍鲅、长吻鮠，鲇形目—鲇科的大口鲇，鲤形目—鲤科的岩原鲤、中华倒刺鲃、白甲鱼及"四大家鱼"中的草鱼，通过对上述 8 种鱼游泳能力的分析，可以获得以下结论，以及对鱼道水力设计的启示。

　　（1）同一鱼种及接近的水环境条件下，临界游泳速度、突进游泳速度随着体长的增加而增加，两者基本呈线性正比关系，而多数情况下，相对临界游泳速度、相对突进游泳速度随着体长的增加而减小，两者基本呈线性反比关系。

　　（2）临界游泳速度是指持久游泳速度的最大值，用来反映鱼类最大有氧游泳运动能力，反映了鱼类游泳的耐力。突进游泳速度是鱼类在短时间内能达到的最大游泳速度，反映了鱼类的爆发力。试验结果也表明，同体长条件下，试验鱼的突进游泳速度要大于临界游泳速度。

（3）通过对 8 种鱼类游泳能力的横向比较可知，通常在同一体长条件下，游泳能力排序为鲤形目—鲤科 > 鲇形目—鲿科 > 鲇形目—鲇科。

以 12 cm 体长的鱼为例，临界游泳能力和突进游泳能力最强的鱼为鲤形目—鲤科—倒刺鲃属的中华倒刺鲃，其临界游泳速度和突进游泳速度分别为 187.13 cm/s 和 220.9 cm/s；而游泳能力最弱的鱼为鲇形目—鲇科—鲇属的大口鲇，其临界游泳速度和突进游泳速度分别为 62.0 cm/s 和 103.9 cm/s。在进行鱼道水力设计时，需要对所在河段的鱼类洄游需求进行调查，根据游泳能力较弱的鱼种的游泳能力指标，开展鱼道水力设计。

（4）感应流速是鱼类能够明确感知水流方向的最低流速值，在进行鱼道主流设计时，主流流速需大于鱼的感应流速，保证鱼类能够较为容易地感知水流方向。游泳能力试验结果表明，上述 8 种鱼中，大鳍鳠对水流方向的感知最为敏感，其感应流速为 6 cm/s，而大口鲇对水流方向的感知最弱，其感应流速为 14 cm/s。总体而言，鱼类的感应流速都比较小，鱼类都具有较好的水流方向感知能力，对鱼道设计而言，使得主流的流速大于感应流速是很容易实现的，临界游泳速度和突进游泳速度才是鱼道水力设计需要考虑的关键指标。

第3章 草鱼幼鱼游泳行为对流速的响应特性

3.1 引　言

尽管鱼类的临界游泳速度和突进游泳速度是鱼道水力设计的依据，但是在鱼道设计时如何合理使用上述游泳能力指标，尚无科学定论。通常的做法是：将临界游泳速度作为设计鱼道池室主流的重要依据，即池室主流流速不大于过鱼对象的临界游泳速度；将突进游泳速度作为鱼道高流速区域的设计依据，如孔口或竖缝处，但有时也用于鱼道池室的设计，即上述位置的最大流速不超过过鱼对象突进游泳速度。但是对于同一体长的目标鱼种，临界游泳速度、突进游泳速度的差别较大，突进游泳速度要明显大于临界游泳速度。因此，在进行鱼道设计时，如何更科学地使用这些鱼类游泳能力指标来指导鱼道设计，尚需进一步研究。

在采用流速递增量法进行鱼类游泳能力试验的过程中，作者发现随着流速的增加，试验鱼的游泳方式会发生较为明显的变化。根据试验鱼游泳方式的不同，分析鱼类游泳行为对水流流速的响应，对于更准确地确定水流对鱼类的胁迫作用，明确在鱼道水力设计时如何使用游泳能力指标，是十分必要的。

本章在第2章鱼类游泳能力试验的基础上，以草鱼幼鱼为研究对象，分析流速递增对试验鱼游泳行为的影响，提出流速递增条件下的鱼类游泳行为分类方法，来反映流速对鱼类游泳行为的胁迫作用，进而形成利用突进游泳速度指标指导鱼道池室水力设计的方法，也为分析水流对鱼类的胁迫作用提供了一种新的思路，可推广用于其他鱼类的游泳能力研究。

3.2　流速递增条件下的鱼类游泳行为分类

由2.4节鱼类游泳能力试验方法可知，相对于临界游泳速度，测定突进游泳速度耗时较少，因此在实际应用中采用突进游泳速度指标来指导鱼道水力设计更加便捷，故本章选择对突进游泳速度测定过程中的试验鱼游泳行为进行分析。

鱼类游泳行为是一种状态不稳定的运动，随着流速或流态的变化而变化。在自然环境下，通常阶段性持续式游泳、暂停及偶发性的冲刺游泳相互穿插。在采用2.4节的流速递增量法测定草鱼突进游泳速度时，通过快速而频繁地增加流速，迫使试验鱼迅速调整自己的身体机能以适应过快的流速增加，使鱼体始终处于胁迫和紧张状态，以测定鱼类通过水流障碍时的突进游泳速度。

本章通过视频回放观察突进游泳速度预试验及正式试验时的草鱼游泳状态，分析草鱼在不同流速条件下的游泳行为，发现试验鱼在突进游泳速度测量过程中的游泳行为主要有四类，即自由游动、逆流原地游泳、逆流冲刺、逆流后退。

（1）自由游动：鱼能感知水流方向，可以自由地顺流或逆流游动，水流对鱼没有明显的胁迫作用。

（2）逆流原地游泳：鱼停留在原地逆流摆尾。

（3）逆流冲刺：鱼类逆流向前冲刺，可分为短距离逆流冲刺和长距离逆流冲刺两种。短距离逆流冲刺时，鱼向前游动的距离小于 1 BL（BL 代表鱼体长）；长距离逆流冲刺时，鱼向前游动的距离为 3～5 BL。

（4）逆流后退：鱼在水流冲击作用下逆流后退。与逆流冲刺对应，也分为短距离逆流后退和长距离逆流后退两种。短距离逆流后退时，鱼逆流后退的距离小于 1 BL；长距离逆流后退时，鱼逆流后退的距离为 3～5 BL。

3.3　流速递增条件下的草鱼游泳行为分析

由于测试水槽的水流速度是逐渐增大的，试验鱼的游泳行为对水流速度的响应是逐渐变化的，所以可以通过人工方式简便地识别出上述四类试验鱼的游泳行为，并进行持续时间的统计。

观察发现，在流速递增过程中，上述四类游泳行为相互穿插，并且在不同的流速阶段各类游泳行为持续时间所占的比例不同。根据试验鱼在流速递增条件下各种游泳行为持续时间所占比例的差异，可将整个流速递增的试验过程大致分为四个阶段。

第 1 阶段：突进游泳速度测定的初始阶段，由于初始流速很小（约 1 BL/s），试验鱼可以在试验段自由游动，水流对鱼没有胁迫作用；随着流速的增加，试验鱼通过逆流快速摆尾迅速调整自己的身体机能，以适应快速和大幅度的流速增加。这一阶段鱼逆流原地游泳时间所占的比例最大，为 30%～57%；逆流冲刺时间占 21%～42%；逆流后退时间占 20%～30%；上述三种游泳状态持续时间所占的比例差别不大。自由游动所占比例很小，仅在试验初期，占比为 1%～3%。这一阶段试验鱼逆流冲刺和逆流后退的距离均较小，不超过 1 BL，属于短距离逆流冲刺或后退。总体而言，第 1 阶段的水流胁迫作用尚不明显，该阶段试验鱼的最大游泳速度为（52%～60%）U_{burst}（U_{burst} 为突进游泳速度）。

第 2 阶段：当流速增加到超过 60%U_{burst} 时，试验鱼的摆尾频率增加明显，鱼体肌肉处于相对紧张状态。该阶段试验鱼的游泳行为以逆流原地游泳为主，持续时间所占比例为 41%～85%；逆流冲刺时间占 8%～32%，逆流后退时间占 7.5%～28%，且逆流冲刺和逆流后退的距离较小，不超过 1 BL，属于短距离逆流冲刺或后退。该阶段水流对鱼类游泳的阻碍作用有所显现，这一阶段试验鱼的最大游泳速度为（75.8%～79.0%）U_{burst}。

第 3 阶段：水槽流速继续增大，试验鱼开始出现长距离逆流冲刺和长距离逆流后退现象，冲刺和后退距离较前两个阶段明显增大，为 3～5 BL，最大时可从试验段后部连续冲刺到试验段前部（最大冲刺距离接近 70 cm），在试验段前部短暂逆流原地游泳后，在水流的冲击下又逆流后退至试验段后部。整个第 3 阶段，这类纵贯整个试验段的冲刺/后退可达 2～3 次。这一阶段试验鱼以长距离逆流冲刺和长距离逆流后退为主，持续时间所占比例分别为 24%～52% 和 20%～47%，逆流原地游泳时间所占比例减小到 9%～46%。该阶段水流对试验鱼的胁迫作用已经非常明显，试验鱼的最大游泳速度为（90.5%～96.0%）U_{burst}。

第 4 阶段：试验流速继续增加，试验鱼不断逆流后退，其尾部开始触及试验段的下游拦鱼网，随后试验鱼在下游拦鱼网前反复逆流冲刺和后退，但冲刺距离较小，不超过 1 BL。此时试验鱼已难以对抗水流的冲击，接近力竭状态。在该阶段，逆流原地游泳、逆流冲刺和逆流后退时间所占比例相当，分别为 23%～43%、24%～40%、20%～53%。

在 2.5.8 小节草鱼突进游泳速度测试中，试验鱼体长为 6.00～15.00 cm，突进游泳速度实测值为 81.70～135.06 m/s。由于草鱼的突进游泳速度与草鱼体长成正比，所以按照试验鱼体长范围，将试验鱼划分为 4 个体长区间。每个体长区间的试验鱼在不同流速阶段的最大游泳速度见表 3.1，表中"BL_1"代表体长 6.00～8.50 cm 的鱼，"BL_2"代表体长 8.71～11.01 cm 的鱼，"BL_3"代表体长 11.30～12.30 cm 的鱼，"BL_4"代表体长 12.70～15.00 cm 的鱼。各阶段每种体长试验鱼的各游泳状态所占时长见图 3.1。

表 3.1　试验鱼各流速阶段的最大游泳速度

流速阶段	BL_1		BL_2	
	最大游泳速度/（m/s）	占突进游泳速度的比例/%	最大游泳速度/（m/s）	占突进游泳速度的比例/%
第 1 阶段	0.56±0.08	58.0±10.5	0.58±0.10	55.7±8.5
第 2 阶段	0.76±0.08	78.0±11.0	0.79±0.11	75.8±9.0
第 3 阶段	0.84±0.12	90.5±1.0	0.97±0.13	95.8±2.6
第 4 阶段	0.91±0.10	100	1.03±0.13	100

流速阶段	BL_3		BL_4	
	最大游泳速度/（m/s）	占突进游泳速度的比例/%	最大游泳速度/（m/s）	占突进游泳速度的比例/%
第 1 阶段	0.64±0.07	60±8	0.69±0.01	52±8
第 2 阶段	0.84±0.07	78.4±9.0	0.92±0.07	79±6
第 3 阶段	1.09±0.06	95.7±2.8	1.183±0.130	96±3
第 4 阶段	1.11±0.07	100	1.31±0.04	100

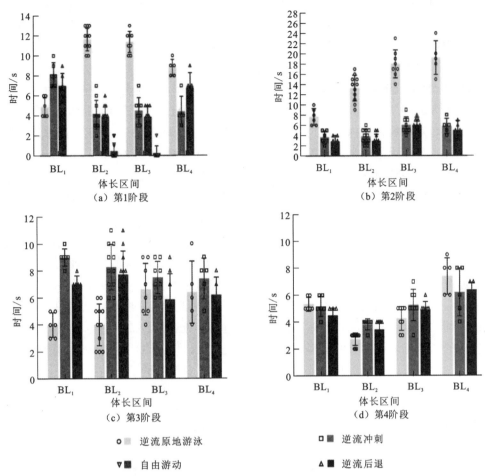

图 3.1 不同流速阶段、不同体长试验鱼的各类游泳状态所占时长

范围线代表平均时间±标准差

根据以上分析，并结合图 3.1 可知，在这四个流速阶段，自由游动只出现在了第 1 阶段，即初始流速很小（约 1 BL/s）的阶段，且时间很短，其余三个阶段均只出现了逆流游泳的状态。随着流速的增加，逆流原地游泳状态的时长呈现先增加后减小的趋势，逆流冲刺和逆流后退的时长则随着流速的增加有增加的趋势。仅在第 3 阶段试验鱼出现了反复长距离逆流冲刺和长距离逆流后退现象。进入第 4 阶段，试验鱼已经无法冲刺，各逆流游泳状态的时长相近，试验鱼接近疲劳状态。由表 3.1 可知，每个流速阶段的试验鱼最大游泳速度依次为突进游泳速度的 52%～60%、75.8%～79.0%、90.5%～96.0%和 100%。

3.4 基于突进游泳速度指标的鱼道池室主流设计阈值

由 3.3 节的分析可知，随着流速的增加，水流对鱼类的胁迫作用开始显现并逐渐明显，最终达到鱼类游泳能力极限。从上述四个流速阶段的分析来看，从第 2 阶段开始，试验鱼从自由游动行为变为逆流原地游泳行为，水流对试验鱼的胁迫作用开始显现，进入第 3 阶段，试验鱼开始出现长距离反复冲刺行为，水流胁迫效应变得十分明显。因此，以草鱼为过鱼对象的鱼道池室主流的最大流速不宜超过第 1 阶段的最大游泳速度（突进游泳速度的 52%～60%），该条件下鱼类能够较为容易地沿主流上溯。房敏等（2014）研究了体长为 8.0～9.7 cm 的草鱼幼鱼的临界游泳速度，通过分析试验鱼的新陈代谢，认为以草鱼为过鱼对象的鱼道内的流速不应大于 $0.8U_{crit}$，即 45.0～55.6 cm/s，而本次试验获得的相应体长范围内的草鱼幼鱼第 1 阶段的最大游泳速度为 50.8～57.1 cm/s，两者所得池室临界流速范围较为接近，可以相互印证。

而对于竖缝、孔口等鱼道的高流速区，其流速不宜高于第 2 阶段的最大游泳速度（75.8%～79.0%）U_{burst}，此条件下草鱼幼鱼能够较为容易地穿越高流速区的水流障碍；如果竖缝、孔口处的流速难以降低，可以适度增加，但不宜超过第 3 阶段的最大游泳速度（90.5%～96.0%）U_{burst}，否则竖缝、孔口将成为草鱼幼鱼上溯的水流障碍。

上述流速设计临界值可为以草鱼为过鱼对象的鱼道池室水力学设计提供基础依据。以竖缝式鱼道及池式鱼道为例的池室流场示意图及各部分流速临界值见图 3.2。由于不同鱼种之间的游泳能力不同，本章所提出的鱼道池室流速临界值只适用于草鱼，但是本章所提出的流速递增条件下的鱼类游泳行为分类方法，以及以突进游泳速度指标为衡量标准的鱼道池室流速临界值测定方法，为分析流速对鱼类的胁迫作用提供了一种新的思路，可推广用于其他鱼类游泳能力及鱼道池室临界流速的测定。

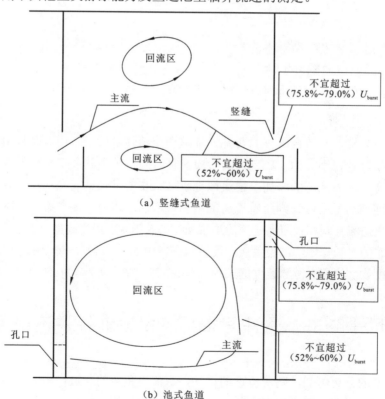

图 3.2　鱼道池室流场示意图及各部分流速临界值

第4章 草鱼幼鱼连续上溯试验

4.1 引　言

鱼道内的水力特性与鱼类游泳行为特性是否协调，是决定鱼道设计是否有效的关键因素之一。鱼类游泳行为对水动力因子的响应机制研究可以为鱼道设计提供最直观而有效的水力学依据。

第2、3章研究了8种鱼类的游泳能力指标，并深入分析了流速对草鱼幼鱼游泳行为的影响。但是仅研究鱼类对流速的响应是不够的。因为除了流速以外，紊动、剪切力等反映流态的水动力因子对鱼类游泳行为也有着重要的影响。此外，鱼类游泳能力试验是在有压均匀流场下进行的，存在流场单一、鱼类游泳行为受到约束、鱼被动连续游泳而不能恢复生理耗能等不足（Kieffer，2010；Paglianti and Domenici，2006），在揭示鱼类通过鱼道等无压流场水流障碍的能力和行为机制方面存在一定的局限性。因此，在无压流场下，特别是在鱼道池室的特征流场下，研究反映流态的水动力因子对鱼类上溯行为的影响也是十分关键和必要的。

许多研究表明，紊动尺度及其作用范围和强度影响着鱼类的行为，不适宜的紊动会对鱼类造成各种各样的伤害，如小尺度的紊动会损坏鱼类的眼睛，导致鱼类身体扭伤；而大尺度的紊动则会使鱼类随着水流起伏旋转，鱼类在大尺度紊动的水流内停留时间过长，就会丧失辨别方向的能力，失去平衡，最终导致其游泳能力降低而更容易被捕食。而适宜的紊动则能帮助鱼类减少游泳能量消耗、感应水流方向、获取饵料等。Coutant和Whitney（2000）发现，大麻哈鱼能利用河流中的紊动提高其在水中的游泳速度，认为大麻哈鱼幼鱼可能更适合栖息在紊流区域（如漩涡、波浪）。因此，对于洄游中的鱼类，一定存在其最适宜的紊动条件，在这种条件下鱼类更能感应洄游方向，利用大范围、低强度的紊动来减少自身能量消耗。反之，如果洄游路径上存在不利的紊动条件，则可能成为鱼类上溯的障碍。

以往，人们对于水流流态对鱼类游泳行为影响的研究多关注水轮机、溢洪道等强紊动区，或者是利用振动格栅制造水槽紊流场来进行研究，结合鱼道池室研究紊动等水力条件对鱼类影响的成果还很少。董志勇等（2021）通过物理模型试验研究了竖缝式鱼道的水流流场分布特性，同步进行了放鱼试验，发现在竖缝宽度较大、常规水池长度较短的竖缝式鱼道中，过流流量应控制在 8～41 L/s 的变化范围内，若水流流量过大，将导致竖缝的射流流速偏大，主流区两侧回流区的流速超过过鱼对象的喜爱流速，不利于鱼类穿过常规水池。除了鱼道流量外，他们尚未能对反映鱼道池室流态的其他水动力因子开展研究。

综上所述，流速、紊动等反映流态的水动力因子都会对鱼类的游泳行为产生正面或负面的影响，鱼类根据其生理需求会趋利避害、沿自己喜好的水流条件上溯。在进行鱼道设计时，如果设计不当，就可能会在鱼道池室内制造出鱼类上溯的水流障碍。结合鱼道池室特征水流揭示水动力因子与鱼类上溯行为的关系，获取鱼道池室内鱼类上溯的喜好流态，还有许多工作亟待深入开展。

本章将以竖缝式鱼道为研究对象，进行多级池室的鱼类连续上溯试验：通过改变鱼道流量和池室隔板的导角调整模型流态，利用数值模拟技术和多级池室模型流场测量相结合的方法获取鱼道的流态参数，并分析其水力特性；以体长为 7.01～14.70 cm 的草鱼幼鱼为研究对象，开展鱼类连续上溯试验，利用视频分析方法捕捉和绘制试验鱼的游泳轨迹，实现鱼类游泳轨迹和池室流场水动力因子的耦合分析，为鱼类游泳行为对鱼道池室特征水流的响应特性研究提供基础条件。

4.2　鱼类多级池室连续上溯试验设计

4.2.1　试验模型

试验鱼道模型建在长 15 m、宽 1.2 m、深 1.8 m 的室内矩形水槽中。模型包括入流段、鱼道池室段、出流段三部分，其中鱼道池室段包括 6 级大小相同的池室，每个池室长 1.5 m，宽 1.2 m，竖缝宽度为 0.15 m，模型总长 14.6 m（含入流段和出流段），鱼道的坡度为 2.5%。6 级竖缝式鱼道的池室从 1 开始，由上游至下游依次编号。鱼道模型的隔板和底板均为灰塑料板，鱼道模型一侧为钢化玻璃，能够对鱼道内的水流情况和试验鱼游泳行为进行观测。模型示意图如图 4.1 所示。

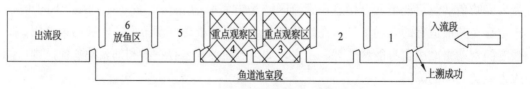

图 4.1　鱼类上溯试验模型示意图

入流段通过上水管道与高位水箱相接，上水管道上设置阀门控制鱼道流量，最大供水流量为 0.045 m³/s。入流段内设置平水栅，以调整入槽水流，保证第 1 级鱼道上游来流均匀、平顺。下游出流段设置尾门，可以对出流段水深进行控制。

最下游的第 6 级池室为放鱼区，上溯试验开始前，试验鱼在该池室暂养。第 1~5 级池室为试验鱼主要洄游区，用于观察试验鱼的游泳行为和洄游路线。其中，第 3 级和第 4 级池室位于试验段中间部位，其水流受上下游水力边界的影响较小，是鱼类上溯试验的重点观察和分析区域。模型上部架设两部摄像机，视角可以覆盖整个洄游区域。最上游第 1 级池室的水流进口即鱼类洄游试验的终点，试验鱼从该水流进口游出，即视为试验鱼穿过试验鱼道而上溯成功。

模型整体照片见图 4.2。

图 4.2　试验鱼道照片

4.2.2　试验用鱼及环境

试验用鱼为草鱼幼鱼，取自北京某渔场，采集时间为 8 月，试验鱼体长为 7.01~14.70 cm。

按照鱼类生理试验的驯化和暂养要求，将试验鱼放置于 2.0 m×1.5 m 的水池中暂养 2 周，水深为 1.0 m，暂养水为曝气 5 天的自来水，水温为（23±1）℃，溶解氧的质量浓度大于 8 g/mL。试验前两天停止喂食。正式试验时，水温为（23±1）℃，溶解氧的质量浓度大于 8 g/mL。

4.2.3　试验方法

通过改变鱼道池室隔板导角的角度（30°、45°、60°），制造不同的鱼道池室水流条件。每种导角情况下，分别采用大流量（0.041 m³/s）、中流量（0.025 m³/s）、小流量（0.011 m³/s）进行鱼类上溯试验。根据过鱼成功率及鱼类洄游路线分析水动力因子对上溯鱼类游泳行为的影响。具体试验工况见表 4.1。

表 4.1　试验工况

导角角度	流量/（m³/s）	鱼道进口处水深/cm	鱼道出口处水深/cm
	0.041	35	22
30°	0.025	24	24
	0.011	15	30
	0.041	35	22
45°	0.025	24	24
	0.011	15	30
	0.041	35	22
60°	0.025	24	24
	0.011	15	30

　　每种试验工况下，随机选取 5 条草鱼幼鱼并放入试验区域适应 5~7 min，通常待其无明显的变向游动后即可打开水槽最下游的拦鱼网，开始试验鱼上溯试验。通过摄像机记录鱼群的游动行为，记录上溯成功的时间及通过尾数。一个试验工况的时间为 20 min，当超出 20 min 时试验鱼仍未到达出口，则认定其上溯失败。

　　为尽可能消除试验过程中存在的偶然误差，每种水流条件下重复做 3~4 组试验，每组试验的试验鱼不重复使用。

4.3　鱼道池室流场的获取与水力特性分析

　　为了提高试验效率，并尽可能精细地获取池室流场细节，采用数值模拟技术和声学多普勒流速仪（acoustic Doppler velocimetry，ADV）流场测量相结合的方法获取鱼道的水动力参数，并分析其水力特性。

4.3.1　鱼道池室流场数学模拟方法

　　对鱼道池室进行三维建模，整个模型采用六面体网格进行划分，网格边长为 1.22 cm，网格总数为 1 033 101 个，计算区域及网格划分见图 4.3 和图 4.4。

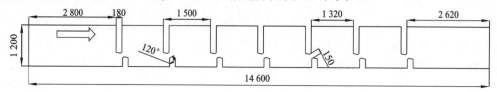

（a）30°导角鱼道模型平面示意图

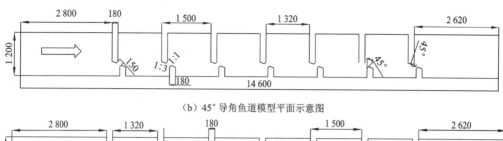

（b）45°导角鱼道模型平面示意图

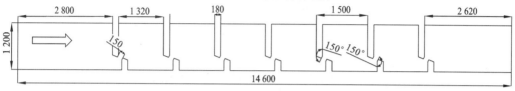

（c）60°导角鱼道模型平面示意图

图 4.3　鱼道模型平面示意图（单位：mm）

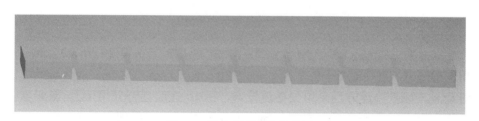

（扫一扫，看彩图）

图 4.4　数值模型网格划分图

利用湍流模型中常用的两方程模型来模拟池室水流，其假设湍流黏性与湍动能 k 及耗散率 ε 有关，并采用了重整化群（renormalization group，RNG）的数学方法，简称为 RNG k-ε 模型方法，属于雷诺时均模拟方法，不仅可以计算高雷诺数流体的流动，还可以更好地考虑流线不规则、有较多弯曲的流体的流动，而且计算效率较高，解的精度也基本可以满足工程实际需要。控制方程如下。

连续方程：

$$\frac{\partial \rho}{\partial t} + \frac{\partial \rho u_i}{\partial x_i} = 0 \tag{4.1}$$

动量方程：

$$\frac{\partial \rho u_i}{\partial t} + \frac{\partial (\rho u_i u_j)}{\partial x_j} = -\frac{\partial p}{\partial x_i} + \frac{\partial}{\partial x_j}\left[(\mu + \mu_t)\left(\frac{\partial u_i}{\partial x_j} + \frac{\partial u_j}{\partial x_i}\right)\right] \tag{4.2}$$

k 方程：

$$\frac{\partial (\rho k)}{\partial t} + \frac{\partial (\rho u_i k)}{\partial x_i} = \frac{\partial}{\partial x_j}\left[\alpha_k(\mu + \mu_t)\frac{\partial k}{\partial x_j}\right] + G_k - \rho\varepsilon \tag{4.3}$$

ε 方程：

$$\frac{\partial (\rho\varepsilon)}{\partial t} + \frac{\partial (\rho\varepsilon u_i)}{\partial x_i} = \frac{\partial}{\partial x_j}\left(\alpha_\varepsilon \mu_{\text{eff}}\frac{\partial \varepsilon}{\partial x_j}\right) + C_{1\varepsilon}'\frac{\varepsilon}{k}G_k - C_{2\varepsilon}\rho\frac{\varepsilon^2}{k} \tag{4.4}$$

式中：x_i 为 i 方向的距离（顺水流方向）；x_j 为 j 方向的距离（平面上垂直于水流的方向）；α_k、α_ε 分别为 k 和 ε 的有效普朗特数的倒数，$\alpha_k = \alpha_\varepsilon = 1.39$；$\mu_{\text{eff}}$ 为有效黏性系数，

$\mu_{eff} = \mu + \mu_t$，其中 μ 为层流黏性系数，μ_t 为湍流黏性系数，其表达式为 $\mu_t = \rho C_\mu \dfrac{k^2}{\varepsilon}$，

$C_\mu = 0.0845$；ε 为湍流耗散率；ρ 为流体密度；t 为时间；p 为静压；u_i、u_j 分别为 i、j 方向的速度分量；G_k 为平均速度梯度引起的紊动能产生项，其表达式为

$$G_k = u_t \left(\frac{\partial u_i}{\partial x_j} + \frac{\partial u_j}{\partial x_i} \right) \frac{\partial u_i}{\partial x_j} ; \quad C'_{1\varepsilon} = C_{1\varepsilon} - \frac{\eta(1 - \eta / \eta_0)}{1 + \beta \eta^3} , \quad \eta = (2E_{ij} \cdot E_{ij})^{0.5} \frac{k}{\varepsilon} , \quad E_{ij} = \frac{1}{2} \left(\frac{\partial u_i}{\partial x_j} + \frac{\partial u_j}{\partial x_i} \right) ,$$

$\eta_0 = 4.377$，$\beta = 0.012$，$C_{1\varepsilon} = 1.42$；$C_{2\varepsilon} = 1.68$。

采用流体体积（volume of fluid，VOF）方法来追踪自由液面，通过计算水和气体的体积分数来反映水流形态，用 a_q 表示气体的体积分数，用 a_w 表示水的体积分数，单元内两者之和为 1，a_w 控制方程为

$$\frac{\partial a_w}{\partial t} + u_i \frac{\partial a_w}{\partial x_i} = 0 \tag{4.5}$$

上游进口采用压力入口，三种流量下的水深分别为 15 cm、24 cm、35 cm；下游出口采用压力出口，三种流量下的水深分别为 30 cm、24 cm、22 cm。为保证计算的稳定性，对动量、标量输运方程采用欠松弛技术，压力-速度耦合采用压力-隐式算子分裂（pressure-implicit with splitting of operators，PISO）方法。时间间隔取 0.005 s，迭代精度设为 10^{-4}。

4.3.2　实体模型上的流场测量

采用 ADV 对模型池室的流速场进行测量。ADV 换能器到采样点的距离为 5 cm，分辨率为 0.01 cm/s，准确度为 1%。本试验共设计了 6 级竖缝式鱼道池室，流场测量主要在第 4 级池室内进行。将沿水槽纵向的顺水流方向设为 x 轴，水平面上垂直于水流的方向设为 y 轴，铅垂方向设为 z 轴（z 轴垂直于图 4.5 的平面）。经观察，试验鱼主要在中下层水体内活动，故选择距离底板 0.06 m 处的水平面为流速测量面。沿 x 方向布置 15 列流速测点（含竖缝处），每列测点均平行于 y 轴，各列上的测点间隔为 0.05 m，列与列间隔 0.10 m。具体测点布置及编号见图 4.5。

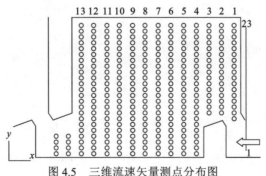

图 4.5　三维流速矢量测点分布图

4.3.3　物理模型和数学模型的结果对比与验证

针对小流量条件下竖缝隔板导角为 60° 的工况，将物理模型实测结果和数值模拟流场结果进行对比。

1. 池室横向流速的对比

选择第 4 级池室第 8 列测点 x 方向的流速进行对比，结果表明，池室横向流速的模拟值和实测值基本吻合，实际测得的流速略高于数值模拟计算得到的流速，但两者之差最大不超过 0.1 m/s，两者流速的分布趋势一致，如图 4.6 所示。

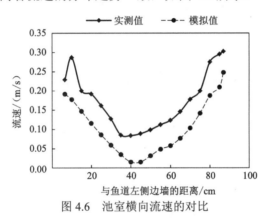

图 4.6　池室横向流速的对比

2. 池室纵向流速的对比

选取池室第 10 行测点 x 方向的流速进行对比，结果表明，池室纵向流速实测值与数值模拟结果基本吻合，如图 4.7 所示。

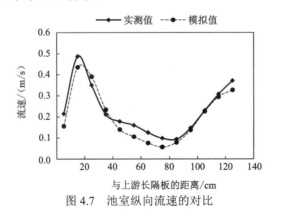

图 4.7　池室纵向流速的对比

3. 竖缝处流速的对比

竖缝断面附近流速较大且变化剧烈，实际测量时在竖缝中心处设置测流垂线，每隔 3 cm 水深设一个测点。将测量所得 x 方向的流速与模拟值进行对比（图 4.8）可知，实测值略大于模拟值，但两者之差基本在 0.05 m/s 左右，且两者垂向上的分布规律基本一致，都能反映出竖缝式鱼道流场的平面二维特征。

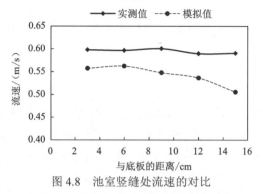

图 4.8　池室竖缝处流速的对比

4. 池室紊动能的对比

选取池室第 10 行测点沿水流方向的紊动能进行对比（图 4.9），发现实测值和模拟值基本吻合，两者相差很小。

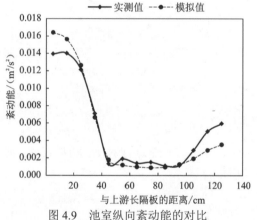

图 4.9　池室纵向紊动能的对比

通过上述物理模型和数学模型流速、紊动能的对比分析可知，数学模型计算得到的池室流场与物理模型实测结果基本一致，两者在流场结构、流速和紊动能的数值上吻合较好，表明数学模型精度较高，能满足鱼道池室流场的研究要求。为了提高研究效率，并便于流场分析，本章大部分工况的流场和水力参数均通过数值模拟方法获得，下面将对竖缝式鱼道的水力特性做进一步分析。

4.3.4　竖缝式鱼道水力特性分析

1. 改变鱼道隔板导角对池室流态的影响

本章首先分析了池室隔板导角对池室流态的影响。隔板导角分别取 30°、45°、60°。以第 3 级和第 4 级池室为例，选取中流量（0.025 m³/s）情况下，距离底板 5 cm 处的面层进行对比分析。不同隔板导角下的流场如图 4.10 所示，鱼道竖缝处的流速和紊动能情况见表 4.2。

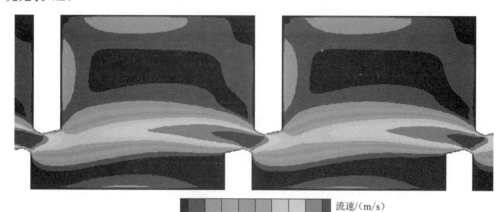

（扫一扫，看彩图）

流速/(m/s)

0.1　0.2　0.3　0.4　0.5　0.6　0.7　0.8　0.9

（a）30°导角鱼道流场分布图

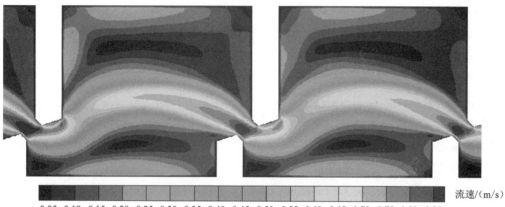

流速/(m/s)

0.05　0.10　0.15　0.20　0.25　0.30　0.35　0.40　0.45　0.50　0.55　0.60　0.65　0.70　0.75　0.80　0.85

（b）45°导角鱼道流场分布图

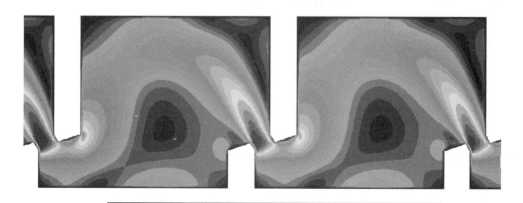

流速/(m/s)

0.05　0.10　0.15　0.20　0.25　0.30　0.35　0.40　0.45　0.50　0.55　0.60　0.65　0.70　0.75　0.80

（c）60°导角鱼道流场分布图

图 4.10　不同隔板导角下的流场分布图

表 4.2　不同隔板导角下的鱼道竖缝处的流速和紊动能

导角角度	流量/（m³/s）	竖缝处流速/（m/s）	紊动能/（m²/s²）
	0.041	1.050	0.074
30°	0.025	0.891	0.050
	0.011	0.678	0.024
	0.041	0.979	0.061
45°	0.025	0.840	0.011
	0.011	0.581	0.020
	0.041	0.851	0.072
60°	0.025	0.779	0.058
	0.011	0.544	0.024

从上述结果可以看出，导角大小决定了竖缝射流的方向。在相同的流量下，导角越大，主流弯曲程度越大。

当导角为 30° 时，主流平顺且右侧回流范围很大，竖缝射流与周围的掺混较弱，无法充分消能，竖缝处的流速相对于其他两种角度而言最大。

当导角为 45° 时，主流基本位于池室中间，在主流两侧有大小基本相同的回流区，竖缝处的流速适中。

当导角为 60° 时，主流的弯曲程度进一步加大，主流严重偏离池室中央，主流左侧形成较大的回流区，而主流另一侧的回流区很小，此时能量衰减最为显著，竖缝处的流速相对于另外两种角度而言最小。

可见，导角不同，鱼道池室内部的水流形态差别很大，因此可以通过改变导角角度在鱼道池室内制造出不同的水流流态，从而分析鱼类在通过鱼道过程中应对不同水流时的游泳表现，分析影响鱼类上溯的水动力因素。

2. 改变流量对池室流速场和紊动场的影响

选择 45° 导角的鱼道研究流量变化对池室流场的影响，以第 4 级池室距底板 0.05 m 处的水平截面为分析对象，将池室上游长隔板背水面到下游短隔板迎水面的区域沿顺水流方向每隔 0.1 m 取一条线，共提取 15 条横截线，分别提取各横截线上的流速最大值和对应的紊动能，得到最大流速沿程变化曲线图（图 4.11）及紊动能沿程变化曲线图（图 4.12）。将中间第 8 条横截线作为池室横向中间线，提取其上的速度及紊动能可以得到池室内部横向流速图（图 4.13）和横向紊动能图（图 4.14）。各流量下距底板 0.05 m 处的水平截面上的流速分布及紊动能分布如图 4.15 所示。

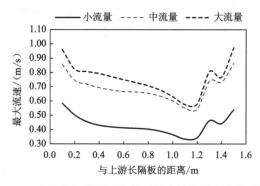

图 4.11　45°导角鱼道不同流量下最大流速沿程变化曲线图

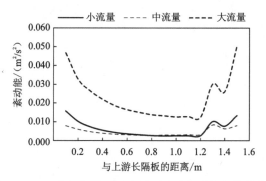

图 4.12　45°导角鱼道不同流量下紊动能沿程变化曲线图

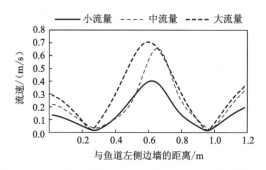

图 4.13　45°导角鱼道不同流量下池室内部横向流速图

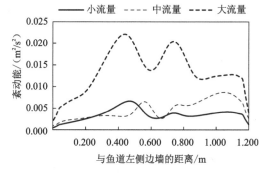

图 4.14　45°导角鱼道不同流量下池室内部横向紊动能图

（扫一扫，看彩图）

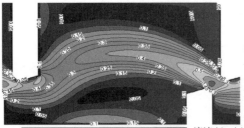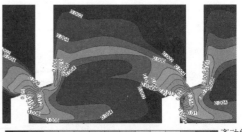

（a）小流量时第4级池室内部流速（左）和紊动能（右）分布图

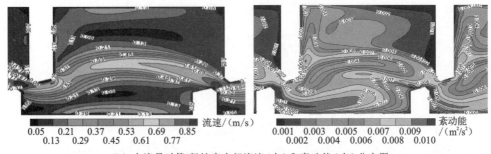

（b）中流量时第4级池室内部流速（左）和紊动能（右）分布图

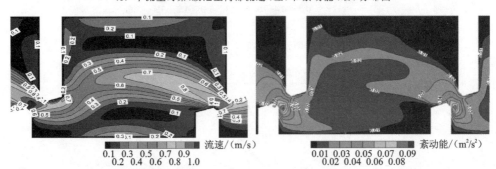

（c）大流量时第4级池室内部流速（左）和紊动能（右）分布图

图 4.15　45°导角鱼道不同流量下池室内部流速和紊动能分布图

　　从上述流速和紊动能的分布情况可以看出，流量增大不会改变池室内部的主流和回流区形态，但是能够改变池室内部的流速和紊动能大小，流量越大，流速和紊动能越大，并且紊动能随流量增加的幅度要大于流速增加的幅度，说明在大流量情况下紊动能可能会成为影响鱼类上溯的主要因素之一。

4.4　试验鱼游泳轨迹的提取方法

　　随着视频解析技术的发展，目前视频分析软件在动物行为学研究中已经发挥了重要作用，例如：Paglianti 和 Domenici（2006）利用行为分析软件 WINanalyze 分析了鹿角杜父鱼（*Leptocottus armatus*）的逃逸行为；Kane 等（2004）利用视频分析方法探讨了底鳉（*Fundulus heteroclitus*）的应激行为；吴冠豪和曾理江（2007）开发了移动视频平台来研究鱼类游泳行为学；徐盼麟等（2012）运用多目标跟踪的概率数据关联交互模型（interacting multiple model joint probabilistic data association，IMMJPDA），实现了基于单摄像机视频的鱼类运动三维实时自动跟踪；汤新武（2015）基于 Multrack 软件进行了多目标鱼群动态追踪，建立了流速梯度与鱼群轨迹路线的响应关系；石小涛等（2014）采用 SwisTrack4.0 软件、Logger Pro32 软件和手动视频分帧处理方法收集了鲢幼鱼游泳过程中的数据，并比较了各种数据采集方法的优劣，认为 SwisTrack4.0 软件具有准确、高效的特点，克服了 Logger Pro32 软件和手动视频分帧处理方法的烦琐，能很好地避免视频中物体运动轨迹错综复杂所带来的干扰，但 SwisTrack4.0 软件不具备自动区分个体的功能，也不具备在视频中对目标物标记染色的功能，并且对视频质量要求较高。

　　ZooTracer 是微软剑桥研究院近年发布的一款免费软件，可以在任何画质、光线的视频中自动追踪物体的二维轨迹，即便是用摇晃的手机录制的视频也不例外。ZooTracer 软件根据视频分辨率的大小建立相应的坐标系，每一个像素点对应一个坐标点。对于一个视频平面而言，坐标原点位于视频左上角，水平向右为 x 轴正方向（即鱼类上溯方向为正方向），视频平面上垂直于 x 轴向下为 y 轴正方向。该软件将视频处理成一帧帧的图像。通过分析当前帧与其他帧图像间的差异实现移动物体的定位。当遇到目标点丢失的情况时，可通过关键点校正功能对目标点进行手动修复，最终实现移动物体轨迹线的绘制，并可将轨迹线坐标输出成 Excel 格式。

　　此外，ZooTracer 还有一大优势，就是可以实现同一视频中多目标的追踪，并绘制出各自的运动轨迹线，因此非常适合用于鱼类群体轨迹的分析。ZooTracer 软件操作简单、追踪效率较高、数据处理方便快捷，为批量研究鱼类二维游泳轨迹线提供了较为便捷的途径，在鱼类游泳行为研究中具有较高的实用价值。草鱼幼鱼连续上溯试验将通过 ZooTracer 软件捕捉和绘制试验鱼的游泳轨迹，并将试验鱼轨迹线与鱼道流场叠加，从而实现鱼类游泳行为对鱼道特征流场响应特性的研究。

　　第 5 章将利用建立的鱼类连续上溯试验平台及试验鱼游泳轨迹提取方法，开展鱼类上溯游泳行为与反映流态的水动力因子的关系研究。

第 5 章 鱼道池室特征水流对鱼类上溯行为的影响

5.1 引　言

本章将利用第 4 章所建立的竖缝式鱼道鱼类连续上溯试验平台和试验方法，以体长为 7.01～14.70 cm 的草鱼幼鱼为研究对象，通过鱼类游泳轨迹和池室流场水动力因子的耦合分析，探索鱼类上溯游泳行为与反映竖缝式鱼道流态的水动力因子的关系，为鱼类上溯喜好流态设计提供依据。

试验时通过改变竖缝隔板导角（30°、45°、60°）和鱼道流量（大、中、小三种流量），在鱼道池室内制造不同的水流流态，共 9 种水流工况，相应的试验工况如表 4.1 所示。每种工况重复做 3～4 组试验，每组试验让 5 条试验鱼同时上溯，每组试验的试验鱼不重复使用。

5.2 多级鱼道池室草鱼幼鱼上溯成功率

根据鱼类洄游视频，获取每种工况下上溯成功的试验鱼尾数和通过鱼道的时间，结果如下。

30° 导角鱼道在小流量工况（0.011 m³/s）下，15 条试验鱼中有 10 条成功上溯，鱼道过鱼成功率为 67%，平均通过时间为 62.33s。在中流量工况（0.025 m³/s）下，20 条试验鱼中有 7 条成功上溯，过鱼成功率为 35%，平均通过时间为 51.25 s。在大流量工况（0.041 m³/s）下，20 条试验鱼中仅有 2 条成功上溯，过鱼成功率为 10%，平均通过时间为 50.00 s。

45° 导角鱼道在小流量工况下，15 条试验鱼中有 13 条成功上溯，过鱼成功率为 87%，平均通过时间为 37.70 s。在中流量工况下，15 条试验鱼中有 11 条成功上溯，过鱼成功率为 73%，平均通过时间为 48.00 s。在大流量工况下，15 条试验鱼中仅有 5 条成功上溯，过鱼成功率为 33%，平均通过时间为 541.60 s。

60° 导角鱼道在小流量工况下，15 条试验鱼中有 12 条成功上溯，过鱼成功率为 80%，平均通过时间为 52.70 s。在中流量工况下，15 条试验鱼中有 8 条成功上溯，过鱼成功率为 53%，平均通过时间为 51.33 s。在大流量工况下，20 条试验鱼中仅有 6 条成功上溯，过鱼成功率为 30%，平均通过时间为 31.33 s。

表 5.1 为各工况下的鱼道过鱼情况。

表 5.1　各工况下鱼道过鱼情况

导角角度	流量/（m³/s）	试验鱼尾数	通过尾数	平均通过时间/s	过鱼成功率/%
	0.041	20	2	50.00	10
30°	0.025	20	7	51.25	35
	0.011	15	10	62.33	67
	0.041	15	5	541.60	33
45°	0.025	15	11	48.00	73
	0.011	15	13	37.70	87
	0.041	20	6	31.33	30
60°	0.025	15	8	51.33	53
	0.011	15	12	52.70	80

5.3　草鱼幼鱼上溯成功率的影响因素分析

5.3.1　鱼道流量对鱼类上溯成功率的影响分析

图 5.1 为同一导角下不同流量的过鱼成功率对比图。由试验结果可知，在同一导角下，流量越大，试验鱼的上溯成功率越低。随着流量的增加，30° 导角鱼道的过鱼成功率由 67%降至 10%，45° 导角鱼道的过鱼成功率由 87%降至 33%，60° 导角鱼道的过鱼成功率由 80%降至 30%。

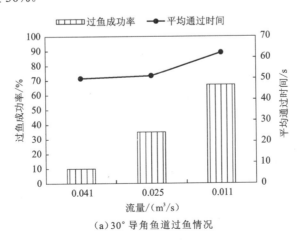

（a）30° 导角鱼道过鱼情况

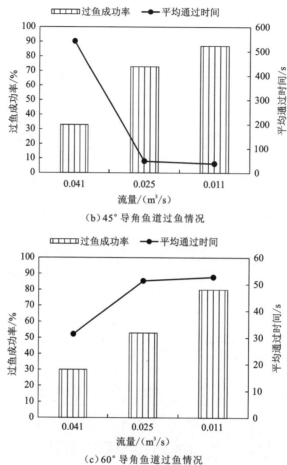

（b）45°导角鱼道过鱼情况

（c）60°导角鱼道过鱼情况

图 5.1　同一导角下不同流量的过鱼成功率对比图

　　表 5.2 为竖缝处流速与过鱼成功率之间的关系表。可以看出，随着流量的增加，竖缝处的流速逐渐增大。小流量工况下，竖缝处的流速为 0.544～0.678 m/s；中流量工况下，竖缝处的流速为 0.779～0.891 m/s；大流量工况下，竖缝处的流速为 0.851～1.050 m/s。这说明大流量工况下，池室内的水流流速，特别是竖缝处的流速会成为大部分试验鱼上溯的水流障碍，所以随着流量的增加，试验鱼上溯的成功率逐渐降低。

表 5.2　竖缝处流速与过鱼成功率之间的关系表

导角角度	流量/（m³/s）	竖缝处流速/（m/s）	通过尾数	过鱼成功率/%
	0.041	1.050	2	10
30°	0.025	0.891	7	35
	0.011	0.678	10	67
	0.041	0.979	5	33
45°	0.025	0.840	11	73
	0.011	0.581	13	87

续表

导角角度	流量/(m³/s)	竖缝处流速/(m/s)	通过尾数	过鱼成功率/%
	0.041	0.851	6	30
60°	0.025	0.779	8	53
	0.011	0.544	12	80

5.3.2　竖缝隔板导角对鱼类上溯成功率的影响分析

图 5.2 为同一流量下不同导角鱼道的过鱼成功率对比图。由图 5.2 可以看出,同一流量下三种导角鱼道的过鱼成功率的排序为 45°>60°>30°,如在中流量工况下,上述三种导角鱼道的相应过鱼成功率为 73%>53%>35%,这说明 45°导角的鱼道更适合草鱼幼鱼通过。

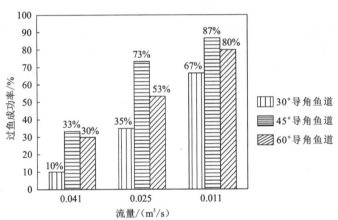

图 5.2　同一流量下不同导角鱼道的过鱼成功率对比图

由 4.3.4 小节不同导角的鱼道池室水力特性分析可知:30°导角鱼道的主流流程最短,水流掺混情况最差,同流量下竖缝处的流速最大;60°导角鱼道的主流弯曲程度最大,流程长、掺混大,池室内的能量衰减最为明显,同流量下竖缝处的流速最小,但是该情况下主流严重偏离池室中央,主流一侧形成较大回流区,而主流另一侧的回流区很小;相对而言,45°导角鱼道的流态介于 30°导角和 60°导角之间,水流掺混适中,主流居中,主流两侧有大小基本相同的回流区,竖缝处的流速适中。由此可见,提高鱼道池室过鱼效率,不仅需要增大池室消能效果、降低竖缝处的流速,主流居中、水流掺混适度也是比较重要的参考指标。

综合来看,隔板导角为 45°时主流居中,水流掺混适中,主流两侧的回流区大小基本相同,过鱼效果最好。对于本试验模型而言,隔板导角为 45°条件下,竖缝处的水流流速不宜高于 0.840 m/s,0.840 m/s 流速下能保证 73%的草鱼幼鱼通过。

5.4 反映流态的水动力因子对试验鱼上溯轨迹的影响

5.4.1 试验鱼上溯轨迹分析

用 ZooTracer 软件读取鱼类上溯视频（摄像头置于模型正上方），通过分析当前帧与其他帧图像间的差异对目标鱼进行定位，绘制试验鱼运动轨迹，并将轨迹坐标输入 Excel 中进行处理，再将图表导入 Photoshop 中，并与池室流场图进行叠加（重点分析第 4 级池室）。因为试验鱼大多在水体中下层活动，所以选择距离底板 5 cm 处的流场平面图与试验鱼上溯轨迹图进行叠加分析。

图 5.3～图 5.5 为各工况下试验鱼上溯轨迹与流速场和紊动能场的叠加图，图中水流方向为从右到左，试验鱼游动方向为从左到右。

（扫一扫，看彩图）

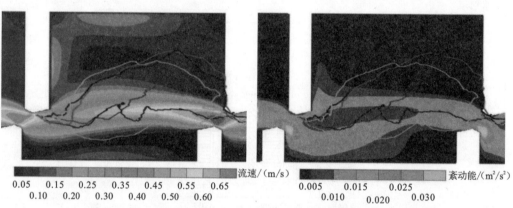

（a）30°导角鱼道小流量下试验鱼上溯轨迹与流速场（左）和紊动能场（右）的叠加图

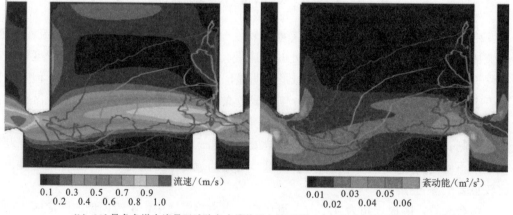

（b）30°导角鱼道中流量下试验鱼上溯轨迹与流速场（左）和紊动能场（右）的叠加图

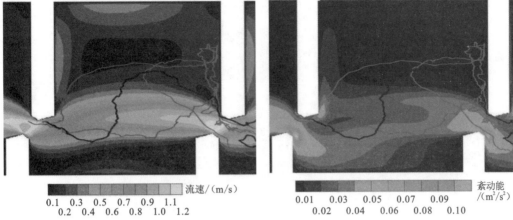

（c）30°导角鱼道大流量下试验鱼上溯轨迹与流速场（左）和紊动能场（右）的叠加图

图 5.3　30°导角鱼道试验鱼上溯轨迹与流速场和紊动能场的叠加图

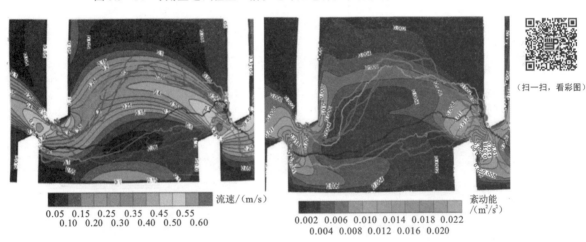

（扫一扫，看彩图）

（a）45°导角鱼道小流量下试验鱼上溯轨迹与流速场（左）和紊动能场（右）的叠加图

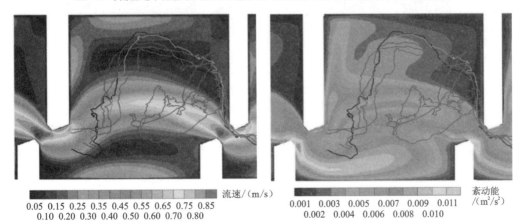

（b）45°导角鱼道中流量下试验鱼上溯轨迹与流速场（左）和紊动能场（右）的叠加图

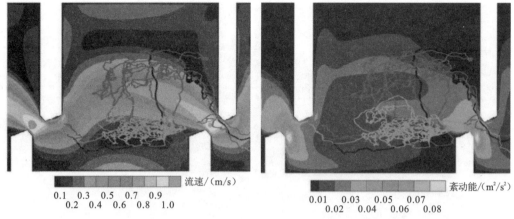

（c）45°导角鱼道大流量下试验鱼上溯轨迹与流速场（左）和紊动能场（右）的叠加图

图 5.4　45°导角鱼道试验鱼上溯轨迹与流速场和紊动能场的叠加图

（扫一扫，看彩图）

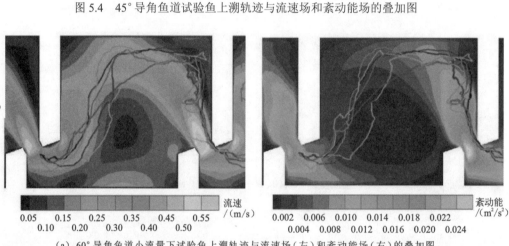

（a）60°导角鱼道小流量下试验鱼上溯轨迹与流速场（左）和紊动能场（右）的叠加图

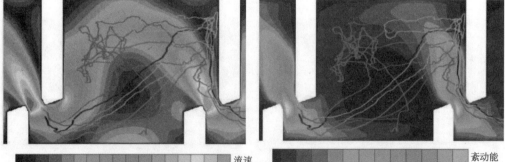

（b）60°导角鱼道中流量下试验鱼上溯轨迹与流速场（左）和紊动能场（右）的叠加图

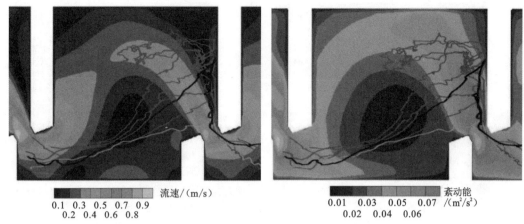

（c）60°导角鱼道大流量下试验鱼上溯轨迹与流速场（左）和紊动能场（右）的叠加图

图 5.5　60°导角鱼道试验鱼上溯轨迹与流速场和紊动能场的叠加图

从上述鱼类通过池室的运动轨迹可以看出，鱼类穿过鱼道池室可以概化为如图 5.6 所示的两条路径区域。

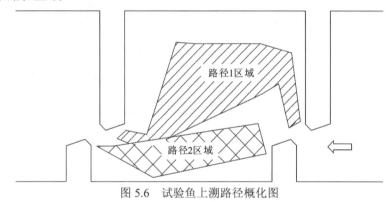

图 5.6　试验鱼上溯路径概化图

在小流量工况下，无论是哪种导角形式的鱼道，试验鱼一般沿着主流或主流边缘上溯（图 5.6 中路径 1 区域），但是在流量较大的情况下，绝大多数试验鱼会避开流速和紊动能较高的区域，选择穿过主流两侧的回流区上溯。特别是在大流量工况下，大多数试验鱼会直接从下游入口横穿池室回流区到达上游短隔板后方，然后再穿过主流到达上游长隔板后方，最后穿过竖缝实现上溯（图 5.6 中路径 2 区域）。

下面将重点分析池室内的水力条件对鱼类上溯路径的影响。

5.4.2　鱼道池室内部水动力因子对试验鱼上溯路径的影响分析

由 5.3 节不同水流条件下的鱼道过鱼试验结果可知，45°导角鱼道的过鱼效率最高。下面将以 45°导角鱼道第 4 级池室为例，分析池室内水动力因子对试验鱼上溯行为的影响。仍然选择距离底板 5 cm 处的平面进行水力特性分析。图 5.7 为 45°导角鱼道池室平面流速场图，图 5.8 为池室紊动能平面分布图。

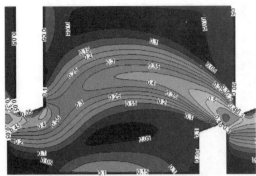

（a）小流量时第4级池室内部流速场图

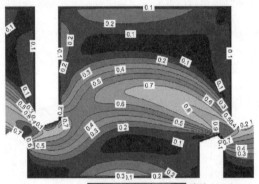

（b）中流量时第4级池室内部流速场图

（扫一扫，看彩图）

（扫一扫，看彩图）

（c）大流量时第4级池室内部流速场图

图 5.7　45°导角鱼道池室平面流速场图

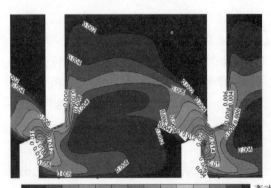

（a）小流量时第4级池室内部紊动能平面分布图

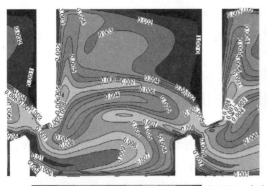 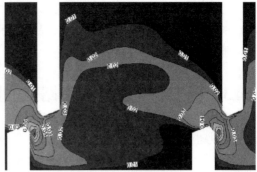

（b）中流量时第4级池室内部紊动能平面分布图　　　（c）大流量时第4级池室内部紊动能平面分布图

图 5.8　45°导角鱼道池室紊动能平面分布图

将图 5.4 试验鱼上溯轨迹与流速场和紊动能场的叠加图与图 5.7、图 5.8 池室内部特征水流图进行对比分析，可以得到试验鱼上溯轨迹与池室内水力条件之间的响应关系，如表 5.3 所示。

表 5.3　试验鱼上溯轨迹与池室内水力条件之间的响应关系表

流量 /(m³/s)	池室内部流速 范围/(m/s)	过鱼 成功率/%	上溯 路径	通过 尾数	经过的流速区间 /(m/s)	经过的紊动能区间 /(m²/s²)	不同水力区间试验 鱼数量占比/%
0.011	0.05～0.50	87	路径 1	8	0.10～0.40	0.002～0.006	62
			路径 2	5	0.05～0.10	0.004～0.012	38
0.025	0.05～0.77	73	路径 1	11	0.05～0.61	0.002～0.008	100
0.041	0.10～0.90	33	路径 1	5	0.10～0.60	0.01～0.03	100

由表 5.3 的统计分析结果可知，在小流量工况（0.011 m³/s）下，池室内的流速范围为 0.05～0.50 m/s。成功通过池室的 13 条鱼中，有 8 条鱼沿路径 1 上溯，5 条鱼沿路径 2 上溯。沿路径 1 上溯的试验鱼穿过的池室的流速区间为 0.10～0.40 m/s，紊动能区间为 0.002～0.006 m²/s²，沿路径 2 上溯的试验鱼穿过的池室的流速区间为 0.05～0.10 m/s，紊动能区间为 0.004～0.012 m²/s²。

在流量为 0.025 m³/s 的工况下，池室内的流速范围为 0.05～0.77 m/s，成功通过的 11 条鱼都是沿路径 1 进行上溯的，试验鱼穿过的池室的流速区间为 0.05～0.61 m/s，紊动能区间为 0.002～0.008 m²/s²，11 条鱼中有 5 条鱼在上溯过程中出现在主流上侧低流速区徘徊的情况。

在大流量工况（0.041 m³/s）下，池室内的流速范围为 0.10～0.90 m/s。此时，试验鱼很难成功上溯，大多数试验鱼在池室回流区徘徊并反复尝试上溯，整个试验仅有 5 条鱼通过池室（过鱼成功率低至 33%）。上溯成功的试验鱼是沿路径 1 穿过池室的，上溯通过的流速区间为 0.10～0.60 m/s，紊动能区间为 0.01～0.03 m²/s²。

　　通过比较上述鱼类上溯路径的水力条件可知，试验鱼上溯所喜好的池室流速范围为 0.05~0.60 m/s，该流速下鱼类既容易感知水流方向，又不会超过其克流能力，同时水流紊动能不宜高于 0.012 m²/s²。

5.4.3　阻力对试验鱼上溯路径的影响分析

　　阻力也是影响鱼类上溯行为的另一个因素，鱼类游泳时所受水流阻力的计算公式为

$$F = 0.5C_d\rho A_s(U_w - U_f)^2 \tag{5.1}$$

式中：C_d 为阻力系数；ρ 为水的密度；A_s 为鱼的润湿表面积；U_w 为水的流速；U_f 为鱼的上溯游泳速度。

　　阻力系数 C_d 的计算公式为

$$C_d = C_f + C_P \approx 1.2C_f \tag{5.2}$$

$$C_f = 0.074Re^{-0.2} \tag{5.3}$$

式中：C_f 为摩擦阻力系数；C_P 为压力阻力系数；Re 为雷诺数。

　　鱼的润湿表面积 A_s 与鱼的体长有关，计算公式为

$$A_s = \alpha L^\beta \tag{5.4}$$

式中：L 为鱼体长；α、β 为与鱼类体形相关的系数。

　　研究发现，梭形鱼的润湿表面积为 $(0.4~0.5)L^2$，即 α 的取值一般为 0.4~0.5，有学者研究过粉红鲑鱼的润湿表面积，其 α 取值为 0.465，β 取值为 2.11，草鱼和粉红鲑鱼的体形形态大致相同，都是梭形鱼，所以本书借用粉红鲑鱼的润湿表面积系数进行计算。

　　根据试验鱼游泳时间和 ZooTracer 轨迹追踪软件处理得到的目标鱼上溯轨迹数据，可以得到目标鱼上溯路径长度及其上溯游泳速度。再通过式（5.1）~式（5.4）可以计算出试验鱼上溯过程中受到的水流阻力。

　　仍以第 4 级池室为例，进行试验鱼上溯水流阻力分析。试验鱼体长为 5~15 cm，大部分集中在 10 cm 左右，计算上溯阻力时目标鱼体长取 10 cm。由于本试验目标鱼多沿路径 1 进行上溯（图 5.6），故仅对上溯路径 1 区域的平均阻力进行分析，试验鱼上溯所受阻力见表 5.4（对于 60° 导角的大流量工况，试验鱼全部沿路径 2 进行上溯，所以表 5.4 中该工况记录的是路径 2 区域的平均阻力）。图 5.9~图 5.11 为三种导角鱼道内流量与试验鱼上溯路径长度和平均阻力的关系图。

表 5.4　试验鱼上溯路径长度与所受阻力关系表

导角角度	流量/(m³/s)	上溯路径长度/m	试验鱼平均游泳速度/(m/s)	平均流速/(m/s)	平均阻力/N
	0.041	3.05	0.44	0.29	9.72
30°	0.025	2.99	0.31	0.28	6.40
	0.011	2.56	0.31	0.24	5.91

续表

导角角度	流量/(m³/s)	上溯路径长度/m	试验鱼平均游泳速度/(m/s)	平均流速/(m/s)	平均阻力/N
45°	0.041	3.49	0.25	0.36	6.33
	0.025	2.95	0.22	0.25	4.20
	0.011	2.57	0.23	0.20	3.81
60°	0.041	4.61	0.34	0.20	5.61
	0.025	2.56	0.31	0.28	6.39
	0.011	2.56	0.21	0.20	3.39

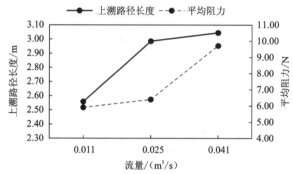

图 5.9　30°导角鱼道流量与试验鱼上溯路径长度和平均阻力的关系图

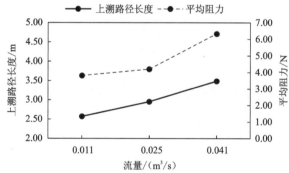

图 5.10　45°导角鱼道流量与试验鱼上溯路径长度和平均阻力的关系图

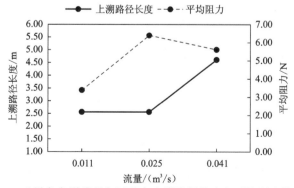

图 5.11　60°导角鱼道流量与试验鱼上溯路径长度和平均阻力的关系图

从表 5.4 和图 5.9～图 5.11 可以看出,在小流量工况下,各导角鱼道中试验鱼上溯路径长度的变化不大,约为 2.5 m;但当流量较大时,目标鱼上溯路径会增长,这说明流量较大时试验鱼会在池室内徘徊,去感知方向或寻找适宜的上溯路径。

试验鱼的平均游泳速度在中、小流量工况下变化较小,为 0.21～0.31 m/s。在大流量工况下,随着池室内流速的增加,试验鱼的游泳速度会有明显提高,在隔板导角为 30°的情况下,水流掺混和池室消能效果最差,水流流速相应最大,所以试验鱼游泳速度最大,达到 0.44 m/s。

从试验鱼上溯时所受的平均阻力来看,30°导角鱼道内试验鱼所受平均阻力为 5.91～9.72 N,45°导角鱼道内试验鱼所受平均阻力为 3.81～6.33 N,60°导角鱼道内试验鱼所受平均阻力为 3.39～6.39 N。各种流量工况下,目标鱼在 30°导角鱼道内受到的平均阻力比在其他两种导角鱼道内所受阻力要大,主要是因为 30°导角鱼道的竖缝射流顺直,与周围水流掺混较弱,无法充分消能,池室内流速较大。从试验鱼所承受的水流阻力角度也可以解释为何 30°导角鱼道的过鱼效率较其他两种导角鱼道低。

对比表 5.1 中试验鱼道的过鱼成功率和表 5.4 及图 5.9～图 5.11 所示的试验鱼上溯路径长度和所受阻力可以看出,水流阻力会影响目标鱼上溯的成功率,鱼类在上溯时所受水流阻力越大,其在鱼道池室的上溯路径越长、游泳速度越大,通过鱼道的成功率也越低(对于 60°导角的大流量工况,由于表 5.4 记录的是路径 2 区域的水流阻力,所以其与其他工况的类比性稍差)。当水流阻力小于 3.4 N 时,草鱼幼鱼通过鱼道池室的成功率达到 80%;当水流阻力增加至 4.2 N 时,草鱼幼鱼通过鱼道池室的成功率降至 73%;当水流阻力增加至 6.4 N 时,草鱼幼鱼通过鱼道池室的成功率降至 35%左右。从本次试验结果来看,草鱼幼鱼在上溯路径的选择过程中更倾向于避开大于 6.4 N 的路径。

5.4.4 竖缝处水动力因子对试验鱼上溯路径的影响分析

由 5.4.1 小节试验鱼上溯轨迹分析可知,无论什么导角形式的鱼道,无论什么流量工况,试验鱼在通过竖缝处时均选择靠近长隔板一侧进行上溯,所以有必要对竖缝处的流速和紊动能分布情况进行分析,以揭示试验鱼选择上溯路径的原因。

由于在同种流量工况下 45°导角鱼道的过鱼成功率较高,所以同样以 45°导角鱼道第 4 级池室为例,分析竖缝处的水流条件。图 5.12 为不同流量工况下竖缝处的流速和紊动能分布图,左图为竖缝处的流速分布情况,右图为竖缝处的紊动能分布情况。每张图的左侧为长隔板一侧,右侧为短隔板一侧。

通过以上竖缝处的水力分析发现,竖缝处的流速从左到右分布得较为均匀,左右两侧差别很小,但紊动能从左到右有明显的增大趋势,短隔板一侧明显高于长隔板一侧,能在一定程度上解释试验鱼为何选择靠近长隔板一侧穿过竖缝断面。从试验情况来看,体长为 7～15 cm 的试验鱼能够顺利穿过竖缝断面的临界紊动能约为 0.012 m²/s²。

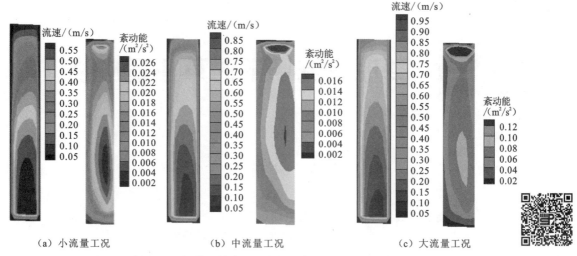

（a）小流量工况　　　　　　（b）中流量工况　　　　　　（c）大流量工况

图 5.12　竖缝处的流速（左）和紊动能（右）分布图

（扫一扫，看彩图）

第6章 单池室流场下的草鱼适应性

6.1 引　　言

第 5 章开展了多级池室条件下的草鱼幼鱼连续上溯试验，分析了水动力因子对试验鱼上溯路径选择的影响，得到了影响草鱼幼鱼上溯的临界流速、紊动能和水流阻力临界值。对于较长长度的鱼道工程，需要在鱼道中间设置多级休息池，以供鱼类在过坝过程中休息，从而恢复体力。如何确定适宜的休息池水力条件，需要开展鱼类对水力条件的适应性研究。基于此目的，本章将利用单级竖缝式鱼道的池室开展草鱼强迫游泳试验，分析草鱼对水力条件的适应性，研究草鱼对回流区尺寸、紊动能、流速、水流阻力等水动力因子的喜好范围，并绘制相应的草鱼对水动力因子的适应性曲线，为休息池的水力设计提供可供推广的研究方法和相关依据。同时，该研究对于鱼类栖息地营造和修复也具有一定的借鉴价值。

6.2 试 验 设 计

试验模型、试验用鱼及环境与第 4 章多级池室草鱼幼鱼连续上溯试验相同，试验区域选择试验模型中间的第 4 级池室。在第 4 级池室的水流进口和出口处放置拦鱼网，随机选 10 条试验鱼放入第 4 级池室内，用摄像机记录试验鱼的游泳行为，记录时长为 20 min，为减少人为因素对试验鱼的影响，试验过程中禁止人员靠近试验区域。水流工况同表 4.1。

在进行分析时，根据池室内的流态特点，将池室分成不同的水流区域。分别统计三种隔板导角工况下 10 min 内试验鱼在各个区域的分布情况，在分析视频时每隔 5s 记录一次试验鱼所在的区域及数量分布，并结合数值模拟计算出的流场进行研究，分析试验鱼喜欢聚集的区域及该区域的水动力条件。

6.3 不同导角和流量下池室内试验鱼分布情况

由 4.3.4 小节竖缝式鱼道水力特性分析可知，不同导角条件下，竖缝式鱼道池室内的主流区和回流区形态差别较大，需要根据不同导角工况，在池室内划分不同的水流区域，分析各工况下试验鱼的分布情况，以评价试验鱼对池室水流条件的适应性。

6.3.1 试验鱼在 30°导角鱼道流场的分布情况

30°导角鱼道的池室流场水域划分图见图 6.1，其中 E 为主流区域，F 为主流右侧较大回流区，A 为主流左侧较小的回流区，B、C、D 为隔板及边壁的近壁区域。

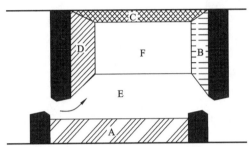

图 6.1 30°导角鱼道的池室流场水域划分图（箭头表示鱼游动的方向）

表 6.1 及图 6.2～图 6.5 为不同流量下，30°导角鱼道池室中各区域试验鱼的数量分布情况，由试验结果可以看出：

表 6.1 30°导角鱼道池室中各区域试验鱼的数量分布概率 （单位：%）

工况	区域					
	A	B	C	D	E	F
小流量	2	0	0	44	49	5
中流量	0	2	2	3	1	92
大流量	0	0	35	0	0	65

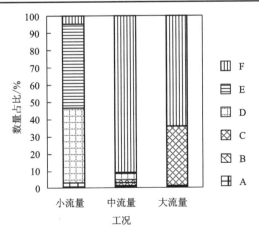

图 6.2 30°导角鱼道池室各区域中试验鱼的分布情况

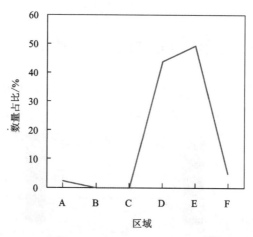

图 6.3　30°导角鱼道小流量下池室各区域中试验鱼数量占比

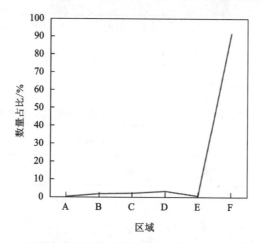

图 6.4　30°导角鱼道中流量下池室各区域中试验鱼数量占比

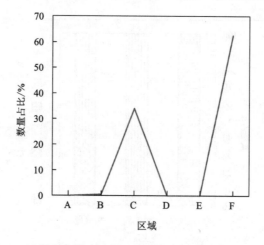

图 6.5　30°导角鱼道大流量下池室各区域中试验鱼数量占比

小流量工况下，93%的鱼分别分布在 D、E 两区或 D 和 E、D 和 F 的交界处，其中 E 区的试验鱼主要集中分布在主流的后半部分，而在主流的前半部分及 B、C 两区没有鱼群分布。此工况下试验鱼可自由摆尾，自由变换游动方向，但基本保持逆水流方向的趋流状态，鱼体受到的水流胁迫作用不明显。

中流量工况下，92%的鱼分布在 F 区，其他区域短时间内有少量鱼出现，E 区前半部分没有鱼群分布。此工况下试验鱼主要集中在 F 区，鱼头朝向没有明显的规律性，鱼体会顺着回流区水流方向运动，基本保持原地摆尾状态。

大流量工况下，有 65%和 35%的鱼分别分布在 F、C 区，其他区域内没有鱼群分布。此工况下试验鱼鱼头朝向没有明显的规律，鱼体会顺着回流区水流方向运动。

结论：小流量工况下鱼表现出一定的趋流特性，逆水流方向游动；流量增大时，试验鱼则在回流区内停留。

6.3.2　试验鱼在 45°导角鱼道流场的分布情况

45°导角鱼道的池室流场水域划分图见图 6.6，其中 E、F 为主流区域，E 为主流后半部分，C、A 为主流两侧回流区，B、D 为隔板的近壁区域。

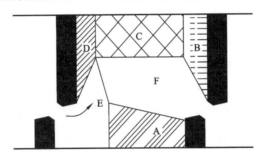

图 6.6　45°导角鱼道的池室流场水域划分图（箭头表示鱼游动的方向）

表 6.2 及图 6.7～图 6.10 为不同流量下，45°导角鱼道池室中各区域试验鱼的数量分布情况，由试验结果可以看出：

表 6.2　45°导角鱼道池室中各区域试验鱼的数量分布概率　　　　　（单位：%）

工况	区域					
	A	B	C	D	E	F
小流量	0	0	28	66	6	1
中流量	44	0	4	11	39	1
大流量	52	3	3	2	40	0

注：表中数值存在修约，加和不为100%。

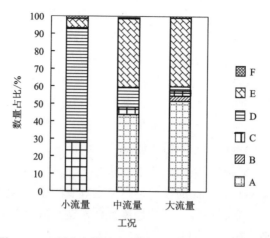

图 6.7　45°导角鱼道池室各区域中试验鱼的分布情况

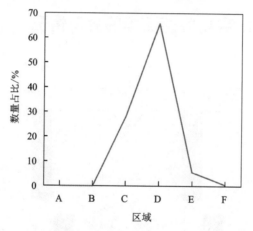

图 6.8　45°导角鱼道小流量下池室各区域中试验鱼数量占比

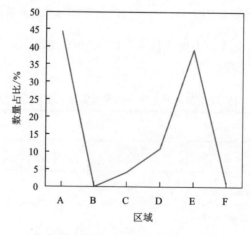

图 6.9　45°导角鱼道中流量下池室各区域中试验鱼数量占比

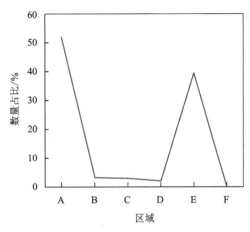

图 6.10　45°导角鱼道大流量下池室各区域中试验鱼数量占比

小流量工况下，66%的试验鱼分布在 D 区，28%的试验鱼分布在 C 区，小部分鱼短时间内分布在 E、F 两区，其他区域没有鱼群分布。此工况下试验鱼可自由摆尾，自由变换游动方向，但基本保持逆水流方向的趋流状态，鱼体受到的水流胁迫作用不明显。

中流量工况下，试验鱼主要分布在 E、A 两区，数量占比分别为 39%和 44%，另有11%的试验鱼分布在 D 区，4%的试验鱼分布在 C 区，B 区没有鱼群分布。该工况下试验鱼在 D、E 两区会逆水流方向持续摆尾运动，在 A 区（池室回流区）的鱼则没有明显的朝向，处于自由游动状态。

大流量工况下，试验鱼仍主要分布在 E、A 两区，有52%的试验鱼停留在 A 区，40%的试验鱼停留在 E 区，另有小部分试验鱼短时间停留在其他区域。该工况下，试验鱼在回流区 A 内处于自由游泳状态，没有明显的游泳方向。

结论：小流量工况下目标鱼表现出一定的趋流性，流量增大时鱼趋向于分布在回流区，试验鱼没有明显的朝向，多处于自由游泳状态。

6.3.3　试验鱼在 60°导角鱼道流场的分布情况

60°导角鱼道的池室流场水域划分图见图 6.11，其中 E、D 为主流区域，D 为主流后半部分，A 为主流一侧较大回流区，B、C 为隔板近壁区域。

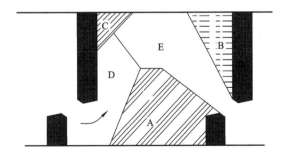

图 6.11　60°导角鱼道的池室流场水域划分图（箭头表示鱼游动的方向）

表 6.3 及图 6.12～图 6.15 为不同流量下，60°导角鱼道池室中各区域试验鱼的数量分布情况，由试验结果可以看出：

表 6.3　60°导角鱼道池室中各区域试验鱼的数量分布概率　　　（单位：%）

工况	区域				
	A	B	C	D	E
小流量	61	0	0	0	39
中流量	66	1	0	1	32
大流量	97	0	0	0	3

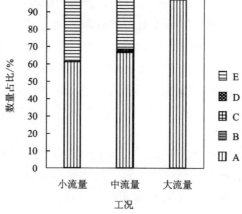

图 6.12　60°导角鱼道池室各区域中试验鱼的分布情况

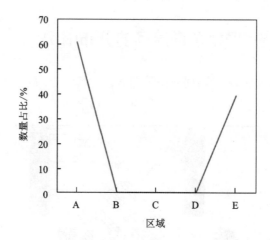

图 6.13　60°导角鱼道小流量下池室各区域中试验鱼数量占比

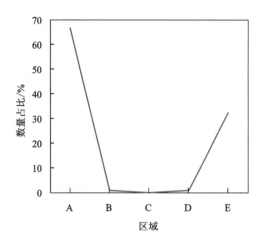

图 6.14　60° 导角鱼道中流量下池室各区域中试验鱼数量占比

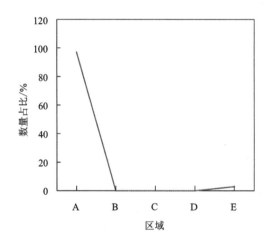

图 6.15　60° 导角鱼道大流量下池室各区域中试验鱼数量占比

小流量工况下，有 61% 的试验鱼分布在 A 区，另有 39% 的试验鱼分布在 E 区，其他区域没有鱼群分布。此工况下试验鱼的游泳行为与同工况下 30° 和 45° 导角鱼道池室内鱼的游泳行为大致相同，试验鱼可自由摆尾，自由变换游动方向，但基本保持逆水流方向的趋流状态，鱼体受到的水流胁迫作用不明显。

中流量工况下，试验鱼的分布区域与运动行为与小流量工况下大致相同，但较小流量时鱼体紧张，且逆水流方向的游泳行为更加明显。

大流量工况下，97% 的试验鱼分布在 A 区，即大部分的试验鱼进入回流区以躲避大流量下的水流胁迫，3% 的试验鱼短时间内分布在 E 区，其他区域没有鱼群分布。此工况下，试验鱼主要分布在 A 区中部，试验鱼会顺回流区水流方向运动，也存在逆流游泳情况，总体处于自由游泳状态。

6.4　试验鱼对回流区尺度的适应性分析

根据 6.3 节不同水流条件下试验鱼在池室各个区域的数量分布比例，结合各个区域的水动力条件，可以分析试验鱼对不同水动力参数的适应性，可为鱼道休息池的水力设计提供科学依据。

通过分析回流区域的水力特性与试验鱼数量分布比例的关系发现：回流区尺寸与试验鱼体长的关系及回流区长宽比均会对试验鱼的分布造成一定的影响。

图 6.16 表明，回流区的长宽比越大，在回流区停留的试验鱼越少，试验鱼对回流区的适应性越弱，而回流区长宽比越接近于 1，回流区内停留的试验鱼越多。这说明回流区的形状越接近圆形，越适宜试验鱼停留。

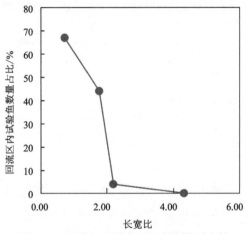

图 6.16　试验鱼对回流区长宽比的适应性

图 6.17 表明，回流区尺寸与试验鱼体长的比值（回流区尺寸/试验鱼体长是指回流区长、宽中的最小值除以试验鱼的平均体长）对试验鱼在池室内的分布会造成一定的影

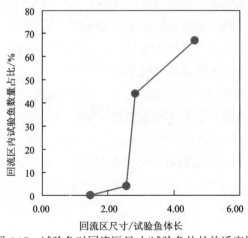

图 6.17　试验鱼对回流区尺寸/试验鱼体长的适应性

响。本章所设计的池室流态中回流区尺寸都大于试验鱼最大体长,回流区尺寸/试验鱼体长越大,在回流区内停留的试验鱼越多,试验鱼对回流区的适应性越强。这说明回流区的尺寸也是影响试验鱼分布的重要因素,回流区长或宽的最小值越接近试验鱼体长,试验鱼分布在此回流区的数量越少,反之,回流区的尺寸相对于试验鱼越大,试验鱼的适应性越强。

6.5 试验鱼对其他水动力因子的适应性分析

由第 5 章的研究成果可知,相比于其他导角形式,45° 导角的池室更适合试验鱼上溯,因此以 45° 导角、中流量下的池室为例,开展草鱼幼鱼单池室强迫游泳试验,分析草鱼幼鱼对流速、紊动能和水流阻力的适应性,并绘制相应的适应性曲线。

6.5.1 草鱼幼鱼对流速、紊动能的适应性

将池室内部顺水流方向设为 x 轴正向,将池室水域划分为主流左侧回流区、主流右侧回流区、主流前部和后部四大区域,每个区域试验鱼的数量占比、区域内的流速和紊动能见表 6.4。

表 6.4 不同区域内试验鱼数量占比和流速、紊动能关系表

项目	区域			
	主流左侧回流区	主流右侧回流区	主流后部	主流前部
数量占比/%	45	15	39	1
流速/(m/s)	0.115	0.115	0.479	0.627
紊动能/(m^2/s^2)	0.007 79	0.003 00	0.005 21	0.005 81

试验鱼对各区域流速和紊动能的适应性结果如图 6.18 所示。由表 6.4 和图 6.18 可以看出,流速为 0.115 m/s 时对应的数量占比分别为 45% 和 15%,其中数量占比为 45% 的结果出现在主流左侧回流区,此区域对应的紊动能为 0.007 79 m^2/s^2,而数量占比为 15% 的结果出现在主流右侧回流区,此区域对应的紊动能为 0.003 00 m^2/s^2。由此可见,在流速相同时,紊动能对鱼类分布起主要作用,相比于紊动能为 0.003 00 m^2/s^2 的区域,草鱼幼鱼更喜欢待在平均紊动能为 0.007 79 m^2/s^2 的区域。从图 6.18 草鱼幼鱼的适应性曲线可以看出,85% 的试验鱼喜欢停留在紊动能为 0.005 21～0.007 79 m^2/s^2 的区域。

由表 6.4 和图 6.18 可以看出,紊动能为 0.005 81 m^2/s^2 和 0.005 21 m^2/s^2 时,对应的试验鱼数量占比分别为 1% 和 39%,数量占比为 1% 的结果出现在主流前部,其对应的流速为 0.627 m/s,数量占比为 39% 的结果出现在主流后部,其对应的流速为 0.479 m/s。由

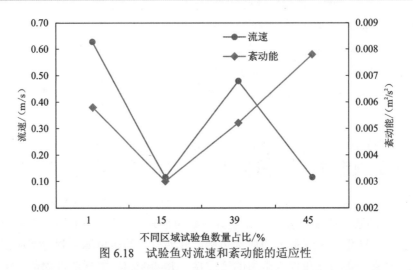

图 6.18　试验鱼对流速和紊动能的适应性

此可见，在紊动能相同时，流速对试验鱼分布起主要作用，相对于流速为 0.627 m/s 的区域，草鱼幼鱼更喜欢待在流速较小的区域（0.479 m/s），从整个池室水域看，有 99%的试验鱼喜欢停留在流速为 0.115～0.479 m/s 的区域。

6.5.2　草鱼幼鱼对水流阻力的适应性

水流阻力也是影响鱼类上溯行为的一个重要因素，仍采用 5.4.3 小节的水流阻力分析方法进行研究，本节采用的试验鱼体长为 5～15 cm，计算阻力时目标鱼体长取 10 cm，鱼相对于水流的状态为静止，即取试验鱼的游泳速度为 0。得出的计算结果见表 6.5 和图 6.19。

表 6.5 为竖缝式鱼道池室不同区域内试验鱼数量占比与所受阻力的关系，图 6.19 为试验鱼对水流阻力的适应性结果。

表 6.5　池室不同区域内试验鱼数量占比与所受阻力的关系

项目	区域		
	回流区	主流前部	主流后部
数量占比/%	60	39	1
流速/（m/s）	0.115	0.479	0.627
水流阻力/（10^{-3} N）	0.293	3.817	6.197

注：试验鱼体长为 0.1 m。

由图 6.19 和表 6.5 可知，流速大的区域对应的水流阻力也大，而水流阻力越大的区域，试验鱼数量越少。在流速为 0.115 m/s 的回流区水流阻力为 2.93×10^{-4} N，此时的试验鱼数量占比为 60%，而在流速为 0.627 m/s 的主流后部区域，水流阻力为 6.197×10^{-3} N，此时的试验鱼数量仅占 1%。由此可见，水流阻力也是影响试验鱼分布的重要因子。

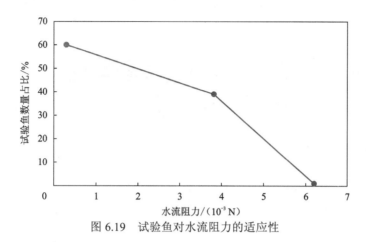

图 6.19　试验鱼对水流阻力的适应性

第7章 鱼类动态数值模型及鱼道过鱼模拟

7.1 引　言

鱼类通常被选为指示生物来研究和表征水生态系统的变化，鱼类动态数值模型逐步成为生态水力学领域研究的热点。当前鱼类动态数值模型主要应用于渔业生产中，用于指导鱼类资源的保护、利用和开发，进行渔业管理等，所以经典的鱼类种群动态模型以稳定的种群行为为基础，以渔业养殖为目的。例如，万中和罗汉（2000）建立了以种群为基础的有关鱼类资源合理利用的数学模型，其中鱼类生物量的增加是基于逻辑斯谛增长方程推算的，用于计算和分析渔业产量。将基于个体模式的模型应用于鱼类种群动态模拟的研究较少，但其在鱼类种群动态模拟的过程中体现出来的优势却非常明显，其可以模拟组成生态系统的各个个体的特征，从而将个体模拟结果和环境变化因子叠加得出整个生态系统的特征。因此，在鱼道池室水动力因子与鱼类上溯行为关系试验成果的基础上，开发基于个体模式的鱼类动态数值模型，用于模拟鱼类在鱼道中的上溯过程，不仅是鱼类动态模拟技术的突破，也为鱼道水力设计和优化提供了一种基于生物行为学的新方法，具有一定的创新性。

本章将在实验室鱼类游泳能力试验和鱼道池室特征水流试验的基础上，确定鱼类动态数值模型的参数（个体游动能力、水力学适应机制等），建立基于个体模式的鱼类动态数值模型；与鱼道水力学数学模型耦合，以水力学模型的输出结果（流速等）为鱼类动态数值模型的驱动因子，精细模拟典型鱼道中鱼类上溯游动的运动过程，寻求基于鱼类生物行为特征的鱼道设计和优化新方法。

7.2　基于个体模式的鱼类动态数值模型

对鱼类的动态描述一般包括：鱼类种群数目的变化、种群结构的变化及鱼类分布的变化等。本节基于鱼类游泳行为特征，建立鱼类动态数值模型，模拟鱼类在变化流场下的动态变化过程。鱼类个体差异性和空间异质性是通过基于个体模式的方法实现的。鱼类动态数值模型的模拟对象为个体，模拟过程中，鱼类个体的生长遵循自然的生长规律，鱼类个体的运动类似于欧拉流场下的拉格朗日运动过程。而鱼类运动目标是由鱼类对水环境因子的适应性决定的。

7.2.1　基于个体模式的模型的简介

　　传统的空间集总式模型，如生态系统能量流预算模型、整体模型，在模拟过程中将种群丰度或生物量作为静态变量考虑，并仅以极少的状态参数来描述生物种群内部和种群间的相互作用，对种群动态的模拟非常有限。但以个体模式方法为理论基础的基于个体模式的模型可以克服传统空间集总式模型的这些局限性。

　　基于个体模式的模型的优势在于其可以模拟组成生态系统的各个个体的特征，从而将个体模拟结果和环境变化因子叠加得出整个生态系统的特征。个体是组成生态系统的最基本的单位，个体的特定属性和行为决定了由其组成的生态系统的特点。但是，仅以此决定从个体水平模拟复杂的生态系统是不够的。例如，从物理学的角度来看，原子的结构及原子间的相互作用决定了由原子组成的物质的属性，但大多数的物理问题不需要探究到原子层面就可以解决。可从生态学的角度出发，研究情况则不尽相同：在生态系统中，组成系统的个体是有机体，它们具备原子所没有的特性；作为有机体的个体需要生存和发育，需要通过不断改变自身来适应外界环境的变化。个体从出生到死亡，遵循生生不息的自然规律，个体的存活对整个生态系统而言，只是一段较短的时间，但在此过程中，个体需要从生态系统中摄取能量，从而改变生态系统。而个体之间存在着明显的差异，属于同一种群、同一年龄层的相近个体间也存在着不可忽视的差异。因此，每个个体对生态环境变化的反应都是独特的，但仍然是有规律可循的。无论个体与生态环境之间的联系如何复杂，个体的生长、发育、摄食、繁衍后代都是为了能更好地适应环境，而个体追求适应的特征就是其区别于原子的最本质的特征，也是研究生态系统需要从个体层面着手的原因。基于个体模式的模型为描述系统动态和个体特征间的关系搭建了桥梁。

　　基于个体模式的模型可以得出系统水平的模拟结果。例如，通过个体鱼类的运动行为得出鱼群运动的自我控制过程；通过模拟个体鱼类生长得出鱼群幼鱼时期密度依赖的死亡率、生长率及对栖息地的选择；实验室研究得出了增加浊度可以降低鱼类被捕捉率，但也会减少鱼类摄食的结论，这样的结论很难靠经验或监测证实，但可以通过基于个体模式的模型来验证，调整模型参数的取值范围，得到浊度对鱼类生长的负面影响大于降低鱼类被捕食率给鱼群带来的正面影响，从而得出水中浊度与鱼群生长呈现总体负相关的结论。

　　基于个体模式的模型可以应用在不同的生态系统以满足不同目的，所以基于个体模式的模型的结构没有固定的形式。但是，模型之间的共同点是模拟个体的适应性行为，并从系统或种群层面验证结论。

　　传统理论生态学在生态实践方面虽然有一定的影响，但经典理论通常从种群出发，忽略个体特性和个体的适应性行为。相反，基于个体模式的模型对生态系统的诠释为：

高聚集层（种群、群落、生态系统）的复杂性来源于组成这个系统的底层个体的特性和相互关系。模型中，除了包含种群水平的出生率、死亡率外，还将更加细致地模拟个体的生长、繁殖和由于无法适应环境变化而出现的死亡等。

与传统的生态模型相比，基于个体模式的模型具有以下特点。

（1）基于个体模式的模型可以模拟个体的自然属性和适应性行为。

（2）基于个体模式的模型的主要理论基于个体行为及个体行为和生态系统动态的关联，理论的评估模式为假想-验证方法。

（3）观察格局是设计和检验基于个体模式的模型最常用的方法，这些观察格局可以是系统层面的，也可以是个体水平的。

（4）与传统模型受差分计算的概念限制相比，基于个体模式的模型更关注适应性过程。

（5）软件工程的迅速发展使模型的应用前景明朗化。

（6）野外和实验室研究在开发模型的过程中至关重要，这些研究可以提供模型所需的个体行为方式，并识别模型的组织模式。

（7）从不同的个体来诠释和模拟生态系统，从个体间的相互作用及个体与环境间的相互作用来模拟生态系统或种群动态。

判断一个模型是否基于个体模式的模型，有如下四点原则。

（1）个体生命史的复杂程度在模拟过程中的体现。基于个体模式的模型对个体生命史的模拟是模拟中一个非常重要的环节，因为个体的主要变化都集中于此。个体在生长的不同时期对资源的需求不同，当个体与外部环境的生物和非生物元素不断发生相互作用时，个体才可以适应生活史中的不同阶段。例如，当资源缺乏或竞争激烈时，个体生长或繁殖速度变缓。在这种情况下，基于个体模式的模型必须要考虑到这种差异性。

（2）个体生长所需资源分布是否动态。在个体的生长阶段，个体对资源的利用也是模拟的一部分。简单假设资源或环境容量为常量的模型会忽略个体及个体与资源间的局部相互作用。

（3）种群在模拟中的实现形式，是用具体离散的个体来代替，还是用整体来代替。个体是离散的，而种群是一个整体，在实际的种群中，个体间局部存在相互关系，而不存在百分比关系。真实意义上的基于个体模式的模型是基于数值离散事件建立的。

（4）处于同一生命阶段的不同个体的差异性在模型中的实现形式。个体的属性包括年龄、性别、分布状况等。在空间集总式模型中，同一个群体中个体的差异性，如年龄等被忽略。在现实中，处于同一年龄的个体也具有差异性，因此经过一段时间的发展，同类型个体的差异性会更明显。忽略个体差异可能意味着忽略种群层次的本质性变化。

本章采用基于个体模式的方法构建鱼类动态数值模型，模拟了鱼类个体的年龄、自然生长、自然死亡、意外死亡、体长、体重、趋流率、游泳能力、对不同环境因子的适应性。在模型的初始化阶段，鱼类个体的性别和年龄设置参照研究区域鱼类种群的年龄结构。根据鱼类个体所处的年龄阶段及通过行为学试验得到的试验结果设定鱼类个体游泳能力和游泳速度范围。鱼类个体的运动角度由个体所处水环境的流速、流向及趋流率试验结果综合决定。

7.2.2　基于个体模式的鱼类动态数值模型的建立

基于个体模式的模型在模拟鱼类行为、解释生态现象方面已经有了一定的应用基础。例如，德国学者开发的鱼类种群生长模型可以准确地模拟出实验室关于鱼类分布的试验结果。模型模拟的难点是：模拟个体具有捕食行为。模拟过程中考虑了自然死亡、被捕食死亡、生长、捕食过程等。但是模拟的时间较短，只模拟了 50 天内鱼类种群的变化情况。而生态学家认为，模拟更长时间才能使模拟结果具有意义。虽然模型具有明显的局限性，但是仍被视为鱼类动态数值模型的先驱，吸引了学者的目光，在很长的一段时间内，基于个体模式的模型在动物行为模拟中的主要模拟对象便是鱼类（图 7.1）。

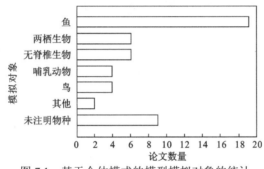

图 7.1　基于个体模式的模型模拟对象的统计

随着计算机硬件和软件技术的发展，模型模拟长世代时间所需的计算存储量、计算精度和计算效率都有了一定的保障。例如，Mcdermot 和 Rose（2000）模拟了多种鱼类在门多塔湖 10 年的种群动态，并尝试给出加拿大白鲑突然死亡的原因。基于个体模式的鱼类动态数值模型的发展除了有助于解释生态现象和模拟生态过程外，对现代渔业也产生了积极的影响。例如，现有的渔业学理论还不能解释鲑鱼在生长和选择栖息地所担风险之间的权衡关系。因此，基于个体模式的鱼类动态数值模型假定鲑鱼个体选择栖息地的出发点是最大限度地促进自身生长并尽可能存活更长时间，存活性考虑了食物摄取和被捕食的危险：如果食物资源不足，个体有可能挨饿，但如果食物资源充足，个体也需要承担被天敌捕食的危险。在基于个体模式的鲑鱼模型中，以此为模拟规则来预测河流中鲑鱼的栖息地分布情况，得出了鲑鱼运动的自我控制过程，幼鱼时期密度依赖的死亡率、生长率及不同年龄层的鲑鱼对栖息地的选择。

因此，本章进行鱼类模拟的研究思路为：根据研究鱼类的游泳能力和行为研究成果，在理论和试验的基础上构建鱼类动态数值模型，并与水动力模型耦合，为鱼道设计优化提供支持。本章所建立的鱼类动态数值模型，是在模拟鱼类行为的基础上建立起来的，主要实现了模拟过程中鱼类个体的运动过程，并对关键过程和特殊问题进行了合理的处理。

1. 个体运动规则

运动是鱼类生命活动的基本特征之一。鱼类的一生通过运动实现对时间和空间的利用，完成各种生命机能。从本质上说，鱼类的运动都是反射性的，即由外部（如饵料生物、异性个体、敌害和不利水文条件）或内部（饥饿、缺氧、性激素分泌等）的刺激引起。对外界刺激的直接反射而产生的简单运动，如避敌、追捕食饵对象等，有时是连续发生的，在空间上无任何共同的方向性，属不定向运动。鱼类的运动行为还常受到其他鱼类个体存在，特别是同种其他鱼类个体存在的影响。鱼类个体存在回避或抵制其他鱼类个体的行为，这就可能导致某种形式的领域性行为。同时，其个体还可以通过使自己的运动和其他个体保持一致的鱼群集结，作为对其他鱼类个体存在的反应，这又导致了鱼群的形成。

鱼类个体的运动决定了其在水体中的空间分布，所以也是模拟的核心。本章在建立鱼类动态数值模型时主要考虑了鱼类个体的游泳能力及其对流场条件变化的响应。

鱼类个体运动可以按照游动速度（方向）与时间是独立变量或相互关联的变量来分类。本章中，鱼类的运动速度和运动方向与时间间隔是相互独立的，模型引入了鱼类主动运动的概念，将鱼类的运动通过矢量来表示，每个时间间隔下，鱼类的位移变动、速度变化、方向选择都是相互独立的。在笛卡儿坐标系下，将鱼类运动的速度矢量分解为沿 x 轴的速度分量 u_x、沿 y 轴的速度分量 u_y，并以鱼体轴线与 y 轴正方向的夹角 α 为鱼类该时间间隔下运动方向的标记（图 7.2）。

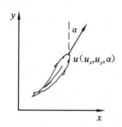

图 7.2　鱼类运动速度矢量分解图

在时间间隔 Δt 时间内，鱼的位置 (x, y) 从 (x_{t-1}, y_{t-1}) 更新为 (x_t, y_t)，计算公式为

$$x_t = x_{t-1} + u_x \times \Delta t = x_{t-1} + u \times \cos\alpha \times \Delta t \tag{7.1}$$

$$y_t = y_{t-1} + u_y \times \Delta t = y_{t-1} + u \times \sin\alpha \times \Delta t \tag{7.2}$$

鱼类个体的运动类似于质点的拉格朗日描述，其游动的速度通过鱼类游泳行为式样获得。模型的水环境模型输出计算网格点上的水深、流速、溶解氧等水环境因子，鱼类运动时某任意点的水信息可通过对相邻水环境计算网格节点的插值获得（图 7.3）。图中，$(x_{i,j}, y_{i,j})$、$(x_{i,j+1}, y_{i,j+1})$、$(x_{i+1,j}, y_{i+1,j})$、$(x_{i+1,j+1}, y_{i+1,j+1})$ 为鱼类运动时某任意点 (x_t, y_t) 相邻水环境计算网格节点示意。

在运动过程中，鱼类个体的游动行为主要取决于鱼类个体的喜好流速和局部的水环境变化，即鱼类个体的瞬时位置是由自身的游动能力和其对水环境的偏好共同决定的。

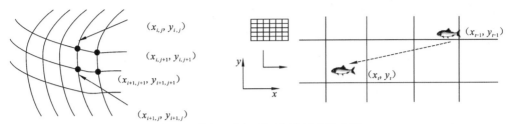

图 7.3　笛卡儿坐标系下鱼类运动示意图

模型中，鱼类运动的模拟过程主要可以分为以下五个步骤。

（1）准备阶段：按照鱼类个体所处的生命阶段设定个体的游泳速度范围，根据鱼类个体所处局部水环境中水流的大小和方向按照鱼类趋流率的关系，确定鱼类个体该时刻的游动方向。

（2）第一次运动：鱼类个体沿水流方向的逆方向，以在时间间隔内所达到的适宜水环境为游动目标进行运动。

（3）第二次运动：如步骤（2）中无适宜水环境，则个体在满足趋流率的角度范围内，寻找适宜的水环境作为游动目标。

（4）第三次运动：如步骤（3）仍不能寻找到适宜的水环境，则个体以任意方向寻找最适环境。

（5）如上述条件仍不满足，则个体以最近可满足生存要求的环境为目标进行运动。

在鱼类个体运动过程中，水环境如果出现剧烈变化，鱼类的生存将受到威胁，如鱼类所处水环境的水深突然变为0，则处于该水环境中的鱼类死亡，不再进入模型的运动过程。该运动规则可根据模型的实际应用情景进行适当调整，如在鱼类过鱼模拟中，鱼类以逆流回溯行为为主，即鱼类运动的模拟过程可只包含步骤（1）、（2）、（3）和（5）。

2. 个体特征运动

鱼类个体的生长和运动受到敌害、群聚的影响，同时与在特定区域内该种群的密度有着密不可分的联系（密度依赖），即在一定时间内，水体的初级生产力是一定的，该水域所能容纳的生物量也存在极限。在模型模拟过程中，若单位水域所容纳的生物量超过了极限值，鱼将不再向该单位水域运动，而原先在该水域生存的鱼类个体也会由于种内竞争的压力游出该水域或逐步死亡。

此外，模拟过程中，对有鱼类游动的水域进行标记，对水域中现有鱼群的种类和个数进行统计，鱼类个体仍然可以根据周围水环境的敌害数量及同类鱼群的个数选择其运动方向。

7.2.3　鱼类生态水力学耦合模型

在整个模型的构建中，水环境模型的输出结果，如水流信息和水质信息，将作为鱼类动态数值模型的输入结果，以准确计算在任意时刻、任意位置鱼类个体所处的水环境情况。在模型交互阶段，水环境模型将流场信息（流速、水深）单向传递给鱼类动态数值模型，再通过插值方法，实现两个模型的耦合。

1. 水动力模型

本节采用二维水动力模型计算鱼道内流场的变化，重点是研究水环境因子的变化情况等。

二维水动力模型采用的是二维 Navier-Stokes 方程组，其控制方程组如下。

$$\frac{\partial H}{\partial t} + \frac{\partial (hu)}{\partial x} + \frac{\partial (hv)}{\partial y} = Q_a \tag{7.3}$$

$$\frac{\partial u}{\partial t} + u\frac{\partial u}{\partial x} + v\frac{\partial u}{\partial y} = -\frac{1}{\rho_0}\frac{\partial p}{\partial x} + fv + v\left(\frac{\partial^2 u}{\partial x^2} + \frac{\partial^2 u}{\partial y^2}\right) + \frac{1}{\rho_0 H}\tau_x \tag{7.4}$$

$$\frac{\partial v}{\partial t} + u\frac{\partial v}{\partial x} + v\frac{\partial v}{\partial y} = -\frac{1}{\rho_0}\frac{\partial p}{\partial y} - fu + v\left(\frac{\partial^2 v}{\partial x^2} + \frac{\partial^2 v}{\partial y^2}\right) + \frac{1}{\rho_0 H}\tau_y \tag{7.5}$$

式中：Q_a 为流量（m^3/s）；H 为水位（m）；h 为水深（m）；u、v 为 x、y 方向上的速度（m/s）；p 为压强（Pa）；ρ_0 为液体密度（kg/m^3）；v 为水平黏性系数（m^2/s）；f 为科里奥利力系数；τ_x、τ_y 为底部剪应力（N/m）。

二维水动力模型的网格划分采用正交曲线网格。多维问题的数值求解在稳定性的要求上更为严格。为得到稳定性良好的格式，隐式格式比显式格式更有优势。为减小隐式格式求解二维方程组系数矩阵的带宽，采用交替方向迭代（alternating direction iterative，ADI）方法对方程组进行离散求解，除垂向项及对流项采用中心差分方法外，其余均采用 ADI 方法。

$$\begin{cases} \dfrac{\bar{U}^{l+\frac{1}{2}} - \bar{U}^l}{\frac{1}{2}\Delta t} + \dfrac{1}{2}A_x\bar{U}^{l+\frac{1}{2}} + \dfrac{1}{2}A_y\bar{U}^l + B\bar{U}^{l+\frac{1}{2}} = \bar{d} \\[4mm] \dfrac{\bar{U}^{l+1} - \bar{U}^{l+\frac{1}{2}}}{\frac{1}{2}\Delta t} + \dfrac{1}{2}A_x\bar{U}^{l+\frac{1}{2}} + \dfrac{1}{2}A_y\bar{U}^{l+1} + B\bar{U}^{l+1} = \bar{d} \end{cases}$$

其中，

$$A_x = \begin{bmatrix} 0 & -f & g\dfrac{\partial}{\partial x} \\[3mm] 0 & u\dfrac{\partial}{\partial x} + v\dfrac{\partial}{\partial y} & 0 \\[3mm] H\dfrac{\partial}{\partial x} & 0 & u\dfrac{\partial}{\partial x} \end{bmatrix}, \quad A_y = \begin{bmatrix} u\dfrac{\partial}{\partial x} + v\dfrac{\partial}{\partial y} & 0 & 0 \\[3mm] f & 0 & g\dfrac{\partial}{\partial y} \\[3mm] 0 & H\dfrac{\partial}{\partial y} & v\dfrac{\partial}{\partial y} \end{bmatrix}$$

$$B = \begin{bmatrix} \lambda & 0 & 0 \\ 0 & \lambda & 0 \\ 0 & 0 & \lambda \end{bmatrix}$$

2. 鱼类动态数值模型与水动力模型的时间耦合

鱼类动态数值模型与水动力模型的时间间隔不同，需要考虑模拟在时间上的耦合问题。通常，鱼类的动态变化几乎与水流变化是同步的，但是，在不同的模拟需求和硬件要求下，需要对鱼类动态数值模型的时间间隔进行一定的调整。鱼类的适应性试验通常可以得出鱼类与不同因子的适应曲线，这一适应状态的描述是静态的，因此，鱼类动态数值模型的时间间隔取决于鱼类个体所处的水环境的变化情况和鱼类的游动能力。当模型模拟的水环境的范围较小时，水环境的变化往往比较剧烈，鱼类动态数值模型通常取较小的时间间隔，以便实现鱼类在变化剧烈的流场下的细致模拟。当模型模拟的水环境的范围较广时，模型的时间间隔主要受计算效率和存储空间的限制，一般根据实际需要可取 12 h 或 24 h 为时间间隔的参考值，再根据模拟需要进行局部调整。

3. 鱼类动态数值模型与水动力模型的空间耦合

鱼类动态数值模型与水动力模型采用的计算网格不同时，需要考虑空间耦合，因为数值计算是在离散的节点上进行的，计算节点以外的区域的数值只能从有限的离散点上的数值推求。为了加快计算的收敛，水动力模型的计算网格为非结构化三角形网格，网格单元的尺寸明显大于个体鱼类质点。因此，模型的空间耦合就是将信息从水环境单元传递给个体鱼类质点。本节中采用有限元插值法，利用三角形单元的形函数在单元内的连续性，获得鱼类个体在三角形单元中任意位置的当地信息。具体计算的理论基础如下。

在水动力模型的计算过程中，采用的是线性三角形单元（图 7.4），插值函数由线性函数构成。对于每个角点，插值函数可用通过其他两个角点的直线方程的线性函数来构成。例如，对于节点 i，可以用 k、j 边的边方程来构成其插值函数，即

$$N_i = L_i \tag{7.6}$$

图 7.4 水动力模型计算单元

其他两个角点情况类似，因此有

$$N_i = L_i \quad (i = i, j, k) \tag{7.7}$$

假设图 7.4 中的标记点为鱼类个体某时刻的位置 (x, y)，则相关的水环境信息可以由式（7.8）获得。

$$f(\text{fish}) = f(x, y) = f(i)L_i + f(j)L_j + f(k)L_k \tag{7.8}$$

其中，f 为待插值的变量，如水深、流速等，i、j、k 指鱼类个体所在三角形单元的三个角点，L 是线性插值函数，表达式如下：

$$
\begin{cases}
L_i = \dfrac{1}{2\Delta}[(x_j y_k - x_k y_j) + (y_j - y_k)x + (x_k - x_j)y] \\[2mm]
L_j = \dfrac{1}{2\Delta}[(x_k y_i - x_i y_k) + (y_k - y_i)x + (x_i - x_k)y] \\[2mm]
L_k = \dfrac{1}{2\Delta}[(x_i y_j - x_j y_i) + (y_i - y_j)x + (x_j - x_i)y]
\end{cases}
\tag{7.9}
$$

其中，Δ 为 i、j、k 三个角点所构成的三角形面积。

在模型中，鱼类个体被作为质点处理，因此，鱼类游动对局部水环境的扰动在本章中将被忽略。

7.2.4　耦合模型的验证

耦合模型的验证是模型建立过程中非常重要的环节，尤其是基于个体模式的鱼类动态数值模型在建立前通常会根据研究问题的需要设定某些假设。模型的验证过程，就是检验模型假设的合理性、模拟逻辑关系的可靠性和模型结果可信度的过程。但是，模型的验证曾一度制约了基于个体模式的鱼类动态数值模型的发展。

由于水生态系统的复杂性和鱼类自身的运动特点，理想的验证数据难以获得，从而限制了鱼类动态数值模型在流域范围内的应用。因此，本章放弃了传统的直接验证方法，通过实验室和野外调查数据相结合的方式在某种程度上实现了鱼类动态数值模型的验证过程。

7.3　鱼类动态数值模型在鱼道中的应用

7.3.1　鱼道物理模型设计

本小节在实验室目标鱼类行为生态学试验的基础上，通过数值模拟，分析鱼道的水力学特性及过鱼过程。

竖缝式鱼道是各种形式鱼道中最为常见的一种，其优点是鱼类可以在任意水深穿游各池室，不像堰流式鱼道那样，鱼类必须以冲刺速度或跳跃方式才可以通过隔板，也不必像孔口式鱼道那样，鱼类必须通过有限空间才能到达上游池室。考虑鱼道水力特性的研究现状及行为生态学研究对象的特点，本节主要对异侧竖缝式鱼道的流动特性进行研究，得出竖缝宽度、水深与过鱼试验的结果。并在鱼道模拟的基础上，结合鱼类游泳能力试验的结果，实现鱼类动态数值模型在鱼道中的应用。

鱼道物理模型的试验水槽主要被划分为三个区域，即入流区、试验区、出流区，其中入流区可作为试验开始前试验鱼的适应区。水槽总长为 8.0 m，宽为 40 cm，深为 80 cm，隔板间距为 50 cm，竖缝宽度为 50 cm。入流区放置有聚乙烯制成的整流格栅，使得入流在断面上的分布尽量均匀。试验区分为 4 个池室，其两侧为有机玻璃，出流区两侧及鱼道隔板为聚乙烯材料。流速由微型螺旋桨测速仪测量，流量改变通过调节水泵来实现。过鱼对象为草鱼幼鱼，试验鱼共 30 尾，体长为（6.47±0.58）cm。

试验水槽坐标系的定义如图 7.5 所示，试验水槽纵向设为 x 轴，横向设为 y 轴，铅垂线方向设为 z 轴。试验步骤如下。

（1）设定流量后，沿 x 轴方向，每隔 5 cm 布设一个监测横断面。每个横断面设置 3 条铅垂线，分别为左侧、右侧和中间，每条铅垂线上取不同水深深度 z（$h/3$、$2h/3$ 和 h，h 为水深）测量流速。

（2）调节水泵功率，改变流量，重复步骤（1）。试验流量（Q）为 20~60 L/s，相应的池室水深为 30~50 cm。

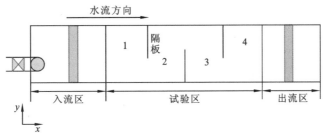

图 7.5　鱼道物理模型

试验测得了不同水深的竖缝式鱼道的主流轨迹，水流方向从左至右。通过试验发现，在不同流量和不同水深的试验点所测得的流速分布大致相同，主流轨迹呈现 S 形曲线，如图 7.6 所示。

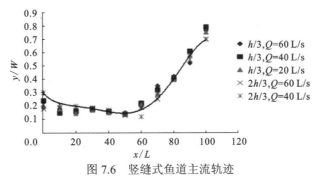

图 7.6　竖缝式鱼道主流轨迹

横纵坐标分别为测点所在位置与试验区总长、总宽的比值

从图 7.6 可以得出，主流轨迹在不同的水深层具有一致性，所以该类型的竖缝式鱼道内的水流可以简化为二维问题，沿水深方向的流速的变化可以忽略不计。因此，竖缝式鱼道也有利于不同鱼类选择偏好的水层进行洄游。同时，鱼类水力的数值模拟部分也将模拟从三维模拟简化为二维模拟。

对同一水深、不同流量下的流速分布的变化进行研究，池室水深保持相同（$h=$ 30 cm），流量不同（$Q=20$ L/s，40 L/s，60 L/s）时，流速分布如图 7.7 所示（为了总结规律，图中绘制量纲唯一的实测点，其中 b 为竖缝宽度）。

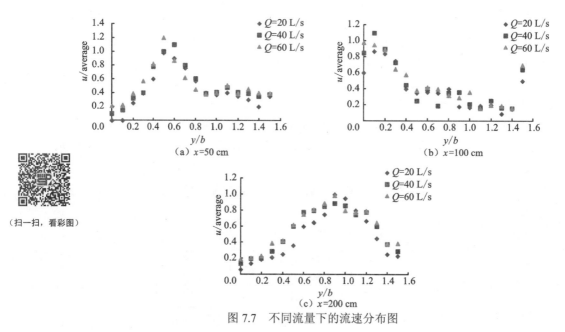

（扫一扫，看彩图）

图 7.7　不同流量下的流速分布图

横坐标为测点位置与竖缝宽度的比值；纵坐标为测点流速与断面平均流速的比值

　　分析图 7.7 可得，靠近竖缝处（$x=50$ cm）各个流量的流速实测点均呈现聚集状，趋于高斯分布。鱼道物理模型中段（$x=100$ cm）附近，各个流量的流速规律性较明显，趋于壁面射流分布。经过过渡区后，在鱼类动态数值模型末端，流速又出现了较好的规律性。由此可见，流量对横向流速分布特征的影响不明显，流速分布表现出的规律几乎一致。

　　由于鱼道内流速沿水深方向变化不大，所以采用二维水动力模型，模拟鱼道内的流速分布，忽略鱼道内水质的变化。将上述鱼道物理模型进行数值化，建立非结构化网格，如图 7.8 所示。

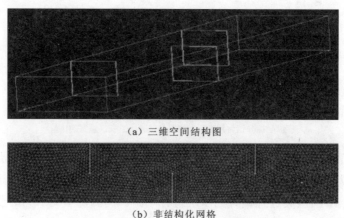

（a）三维空间结构图

（b）非结构化网格

图 7.8　鱼道物理模型网格划分

　　设定不同的入流流量时，模拟得出的流场图和迹线图（图 7.9）与试验测量结果一致。竖缝附近的流场分布情况如图 7.10 所示。

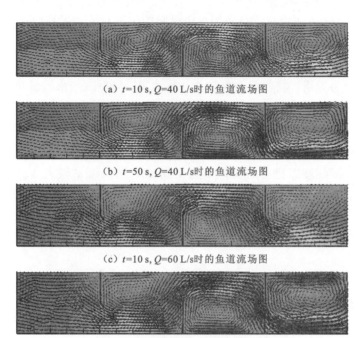

（a）t=10 s，Q=40 L/s时的鱼道流场图

（b）t=50 s，Q=40 L/s时的鱼道流场图

（c）t=10 s，Q=60 L/s时的鱼道流场图

（扫一扫，看彩图）

（d）t=50 s，Q=60 L/s时的鱼道流场图

图 7.9　鱼道流场图

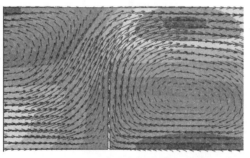

（a）竖缝附近x方向速度分量图

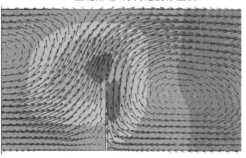

（扫一扫，看彩图）

（b）竖缝附近y方向速度分量图

图 7.10　竖缝附近的流场图

　　由模拟结果可以发现，水流变化稳定后，沿 x 轴方向的速度分量基本保持在稳定状态，沿 y 轴方向的速度分量存在规律性的变化。模拟结果与试验所得结论基本一致。不同流量下，模拟结果与试验结果的相对误差小于 5%。

本小节以游泳行为试验对象草鱼为过鱼试验的研究对象,考察鱼类在异侧竖缝式鱼道中的洄游特点。在将试验鱼放入试验区前,先将鱼放置在试验水槽中的非试验区域适应 24 h。鱼道由 4 个池室组成,从上游池室到下游池室依次编号为 1～4 号池室。放鱼时,将 30 条鱼分为三组,将每组鱼先放入 4 号池室,然后改变水流流量,进行记录、拍摄,观察鱼的游动情况。

鱼类感应流速,一般在 0.2 m/s 左右,当流速大于感应流速后,鱼类开始溯水游动。据观察,当流量较小(Q= 20 L/s)时,流速也较小,鱼类难以感应流动,所以鱼类容易在局部区域打转,难以进行有明确方向的游动。而当流量较大(Q= 40 L/s 或 Q= 60 L/s)时,主流区明显,鱼类基本可以逆着主流轨迹自下游溯游至上游池室。

7.3.2　鱼道过鱼过程模型

鱼类通过鱼道的动态过程,是一个相对于鱼类生活史来说很短暂的过程,因此,在模拟鱼道过鱼过程中,将不再考虑鱼类个体的生长,而鱼类与水环境因子的响应也简化为鱼类与水流的响应,因为在鱼道中,水温、溶解氧、底质等环境因子的变化幅度与水流的变化相比可以忽略。而且,鱼道建立的主要目的也是通过水流诱导的方式引导鱼类运动,为具有洄游需求的鱼类提供上溯通道。

1. 评价标准选择

鱼道过鱼的动态模拟中,鱼类在时间间隔内对最终游动目标的选择非常重要。在鱼道中,吸引鱼类运动的主要因素是水流。因此,假设鱼类游动的最终目标是寻找最适的水流环境,结合鱼类行为生态学试验的结果,总结出鱼类在某流速区域出现次数与流速的关系曲线,如图 7.11 所示。

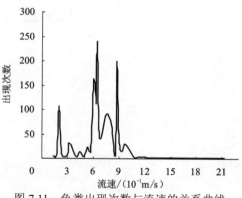

图 7.11　鱼类出现次数与流速的关系曲线

利用 a-cut 法,截取鱼类出现次数超过 100 次的水环境区域,将该区域的流速设定为鱼类的喜好流速,即流速范围为 0.60～0.70 m/s、0.87～0.89 m/s。因此,在鱼道过鱼模拟中,鱼类运动的最终目标是游至喜好的水流环境中。

若溯游方向上无最适水流环境,则避开流速小于 0.2 m/s 或大于 1.2 m/s 的水流环境。

2. 运动规则

鱼类具有顶流运动的习性，若水流方向改变，鱼类的运动方向也会随之改变。在鱼道过鱼模拟中，个体鱼类遵循鱼类动态数值模型设定的鱼类个体运动规则，即拉格朗日法。

鱼类通过鱼道是一个相对短暂的过程，在这一过程中，鱼类的游泳能力至关重要。鱼类能否通过鱼道游动至指定区域，通常取决于鱼类自身的游泳能力。通过鱼类行为生态学试验中关于草鱼游泳能力测定的试验，可以得出草鱼的临界游泳速度为（47.50±9.20）cm/s，相对临界游泳速度为（7.33±1.24）BL/s，持久游泳速度为（15.05±2.37）cm/s，相对持久游泳速度为（1.57±0.25）BL/s。在长距离迁徙中，鱼类的游泳通常与持久游泳速度相关，而在克服水流屏障时，游动速度更接近临界游泳速度。因此，在本节中，参考临界游泳速度，将鱼类游动速度设定为 38.3～56.7 cm/s。在模拟中，每一个时间间隔开始时，每一尾鱼都将从速度范围中随机获得一个游动速度，进行后续的运动。

在时间较短，较小的水环境中，鱼类的运动方向有一定的规律性。在考虑鱼类个体的运动方向时，研究沿用了行为生态学中草鱼趋流率的试验结果。根据当地水流速度的不同，鱼类个体与水流方向的夹角也存在一定关系。模型中，鱼类个体的运动过程如下。

（1）选择逆流方向运动。

（2）若在逆流方向单位时间间隔所达到的范围内无合适的水流环境（即不满足鱼类喜好的流速范围），则根据流速–趋流角度确定鱼类游动的角度范围，在该游动范围内选择合适的水环境作为游动的目的地，如图 7.12 所示。

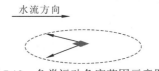

图 7.12　鱼类运动角度范围示意图

（3）若在游动范围内无合适的水环境，鱼类按照游动能力避开流速小于 0.2 m/s 和大于 1.2 m/s 的水流区域，向鱼道上游逆流游动。

3. 模型参数设置

以上述试验中的物理模型为模拟对象，模拟在不同流量下鱼类通过该简易鱼道的过程，参数设置详见表 7.1。

水动力模型的最小网格面积约为 0.000 3 m²，这一尺寸足以保证可以通过有限元插值获得在计算单元内连续的插值结果。水环境模型计算的时间间隔为 0.1 s。鱼类动态数值模型计算的时间间隔为 1 s。当将水动力模型的计算结果传递给鱼类动态数值模型时，由于时间间隔不一致，所以需要进行模型的时间耦合，流速采用水环境模型 10 个时间间隔内的平均值。

鱼类个体游动速度为 38.3～56.7 cm/s，不考虑个体的生长、死亡及对除水流之外的其他水环境因子的响应。

表 7.1　鱼类动态数值模型参数表

参数类型	参数值
鱼类个体数量	10
时间间隔	1 s
模拟总时长	50 s
鱼类个体游动速度	38.3～56.7 cm/s

7.3.3　模拟结果及其对鱼道设计的意义

1. 模拟结果

鱼道过鱼过程的模拟结果为不同时刻鱼类个体在鱼道中的分布动态,以及不同流量下,鱼类通过鱼道洄游至上游的过程。

当模拟流量 $Q=20$ L/s 时,不同时刻鱼道内鱼类个体的分布情况如图 7.13 所示。

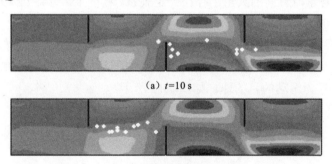

(a) $t=10$ s

(b) $t=15$ s

图 7.13　鱼道内鱼类分布图($Q=20$ L/s)

从图 7.13 可以看出,当鱼道流量为 20 L/s,模拟时间超过 10 s[图 7.13(a)]时,鱼类个体开始从聚集渐渐出现分散,呈现出较为明显的向上游运动的趋势,当模拟时间超过 15 s[图 7.13(b)]时,鱼类个体基本可以通过鱼道内的池室,上溯至上游水槽。

当模拟流量 $Q=40$ L/s 时,不同时刻鱼道内鱼类个体的分布情况如图 7.14 所示。

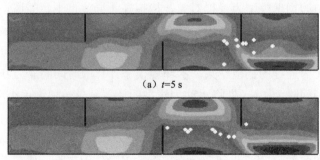

(a) $t=5$ s

(b) $t=10$ s

图 7.14　鱼道内鱼类分布图($Q=40$ L/s)

从图 7.14 可以看出，当鱼道中的流量增加到 40 L/s，模拟时间为 5 s [图 7.14（a）] 时，鱼类个体仍然多数聚集于鱼道下游 4 号池室的挡板附近，仅有少部分个体尝试上溯，但主体运动趋势不显著，当模拟时间超过 5 s 后，鱼类个体开始脱离 4 号池室的挡板，当模拟时间为 10 s [图 7.14（b）] 时，鱼类个体基本脱离了挡板附近水流的吸引，呈现随主流上溯的运动趋势。

当模拟流量 Q=60 L/s 时，不同时刻鱼道内鱼类个体的分布情况如图 7.15 所示。

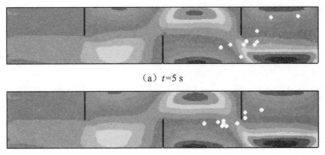

（a）t=5 s

（扫一扫，看彩图）

（b）t=10 s

图 7.15　鱼道内鱼类分布图（Q=60 L/s）

从图 7.15 可以看出，当鱼道内流量上升至 60 L/s 时，模拟初期，鱼类个体仍然聚集在 4 号池室的挡板后，随着模拟时间的延长，鱼类个体逐渐移动至 4 号池室中央流速稍大的区域，当模拟时间为 5 s [图 7.15（a）] 时，鱼类个体开始出现向 3 号池室运动的趋势，当模拟时间为 10 s [图 7.15（b）] 时，大部分鱼类个体上溯的趋势已经非常明显，呈现出沿主流上溯至 3 号池室的游动现象。

2. 模型验证

为了验证模拟结果，先对放鱼过程中所拍摄的视频进行处理（图 7.16），由于视频每一帧所记录的是某一时刻鱼类的分布状态，随机性较大，用视频信息直接与模拟结果对比可能会出现较大误差，从而错误地判断模型的可靠性。因此，在对视频处理的过程中，统计了一段时间内鱼类个体在鱼道中不同位置出现的累计次数（图 7.17）。

图 7.16　过鱼试验视频处理记录

（扫一扫，看彩图）

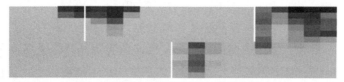

图 7.17　试验中鱼类个体出现的累计次数分布图（$Q=60$ L/s）

分析模拟结果可以发现，在不同流量下，鱼类个体都会在池室挡板附近出现明显的聚集现象，与试验中鱼类累计出现次数较高的区域吻合，从而在一定程度上对模型进行了验证。

3. 讨论

将鱼类动态数值模型应用在鱼道过鱼过程的模拟中，水动力模型的模拟结果与试验水槽流速的测定结果非常吻合，而鱼类过鱼的试验观测结果和模型模拟结果通过统计鱼在不同时刻的出现位置进行了比较，它们也比较吻合。这说明在模型构建初期，将鱼类个体作为质点考虑的假设是合理的，在鱼类游动过程中，将鱼类的趋流性作为鱼类运动目标的选择原则是可行的。

通过数值模拟并辅以物理模型放鱼的方法进行鱼道研究，同时采用试验结果进行模型验证。结果表明，当鱼道内流量较小时，鱼道内的水流对鱼类个体产生的诱导作用不明显，鱼类个体容易在某一区域（挡板后）停留或打转。而当鱼道内的流速大于鱼类的感应流速后，鱼类个体均可以通过水流诱导，沿主流轨迹从下游水槽游动至上游水槽。

但是鱼道过鱼的模拟过程中还存在很多问题，现阶段的模型从较为简单的鱼道结构出发，模拟鱼道内的水流形态和鱼群通过鱼道的具体过程。但是，鱼道的构造往往非常复杂，在构建鱼道时需要考虑更多的因素。

第8章 集诱鱼系统进口位置的选择

8.1 引 言

通过鱼类游泳行为对水动力因子的响应机制研究，在鱼道池室内营造出适合鱼类上溯的水流结构，尚不足以保证鱼道能顺利过鱼，实现过鱼设施进口对鱼类的有效诱集，则是另一关键。

为了能够吸引和引导鱼类顺利进入过鱼设施，过鱼设施都要在进口处设置集诱鱼系统。鱼类能否在几百米甚至上千米宽的河道中较快发现并顺利进入集诱鱼系统，是过鱼设施能否发挥效用的关键之一。若集诱鱼系统布置不当，鱼类无法达到集诱鱼系统所在水域，或者集诱鱼系统设计不佳，对鱼类缺乏有效吸引，即使过鱼设施内部有良好的设计，也无法提高过鱼效率。

集诱鱼系统是过鱼设施的重要组成部分，其作用是诱集洄游鱼类，使其利用过鱼设施过坝。集诱鱼系统进口位置的选择直接影响过鱼设施的效果，因此布置时必须综合考虑当地主要洄游鱼种的习性、枢纽整体布置、水文水动力条件、地理位置及周围环境等因素。集诱鱼系统进口位置的合理选择决定着鱼类能否顺利发现并进入集诱鱼系统，是关系着过鱼设施成败的重要因素之一。

集诱鱼系统可分为移动式集诱鱼系统和固定式集诱鱼系统。移动式集诱鱼系统是指可以随着目标鱼类集群位置改变而移动的集诱鱼系统，主要是指具有自航能力的集鱼船。这类集诱鱼系统具有移动性强、可以适应坝下流场变化的优点。早在 1970 年，苏联就在马内奇河枢纽上进行了集鱼船试验。华盛顿州贝克河上的贝克坝工程也利用集鱼船在库区内进行集鱼。Raymond（1979）在哥伦比亚河上对大鳞大麻哈鱼（*oncorhynchus tshawytscha*）等进行了集鱼船试验。新疆阿勒泰地区的冲乎尔水电站采用了水流和灯光诱鱼相结合的集鱼船，对保护当地鱼类起到了重要作用。集鱼船适用于水流平缓的区域，因此多针对幼鱼降河行为布置在坝上库区，因受船体吃水深度所限，只适用于表层活动的鱼类，对于喜深水活动的鱼类，其诱集效果不佳。

固定式集诱鱼系统，顾名思义，其集鱼平台位置是固定的，可以和鱼道、鱼闸等传统过鱼设施相结合，适用范围广，但集鱼效果易受水电站运行工况的影响，其布置必须考虑水利枢纽的运行条件。鱼类只有感应水流流向并被集诱鱼系统进口的水流吸引，才能进入过鱼设施，并利用过鱼设施进行洄游。对于此类过鱼设施，集诱鱼系统进口位置的选择是至关重要的，它关乎过鱼设施的过鱼效果。目前，对于固定式集诱鱼系统，其进口位置通常布置在鱼类经常聚集的区域，如经常有水流下泄，对鱼类有一定诱集作用的水域。例如，丰满大坝升鱼机的集诱鱼系统分别布置在尾水的两侧，同时设置了多个集诱鱼系统进口。巴拉那河上游亚西雷塔大坝在其水电站厂房的两侧分别布置了鱼道，两座鱼道的进口均面向发电机组尾水。浙江楠溪江拦河闸将鱼道集诱鱼系统进口与水电站的出水口并列布置。安大略湖格兰德河上修建了两座丹尼尔式鱼道，其集诱鱼系统的进口位置紧靠溢流堰。上述集诱鱼系统进口均布置在鱼类能够顺利上溯到达的水域，且尽量利用尾水等下泄水流对鱼类的吸引作用。尽管目前国内外对集诱鱼系统进口位置的选择已有一些设计指导原则，如合理利用尾水、兼顾鱼类游泳能力等，但由于水电站下游河道水力条件差异较大，因此需要采用适宜的技术对坝下河道的流场进行分析，结合鱼类游泳行为特性，研究确定不同发电工况下鱼类可能的集群区域或能够顺利到达的区域。

本章将以长江流域某水力发电枢纽工程为例，针对鱼类洄游季节左右岸发电机组不同流量的分配情况，结合当地鱼类上溯洄游流速的偏好范围和坝下地形地貌情况，基于HEC-RAS 软件二维模块，对坝下尾水河道 2.83 km 范围内的水流流场进行二维数值模拟，并分析研究不同运行工况下坝下流场的特性，提出不同工况下集诱鱼系统进口位置的合理布置方案，研究成果及方法对于集诱鱼系统进口位置的选择和洄游期水电站的生态调度都具有参考价值。

8.2　模型建立

本章选取的长江中上游某高坝工程为重力坝，以发电为主，同时兼有灌溉、防洪及拦沙等功能。最大坝高为 162 m，左右岸厂房各布置 4 台机组，单机发电流量为 800 m^3/s。水库为峡谷型水库，正常蓄水位为 380 m，死水位为 370 m，上下游水位差约为 86 m，调节库容为 9.03 亿 m^3。

调查显示，此江段的典型洄游鱼类主要为圆口铜鱼、裂腹鱼及胭脂鱼等，主要的洄游期为 4～6 月，适宜鱼类上溯洄游的流速范围为 0.1～0.7 m/s，临界游泳速度为 1.0 m/s左右。为了弱化工程对此江段洄游鱼类的不利影响，拟建高坝过鱼设施，如升鱼机或集运鱼船等。如何布置集诱鱼系统、有效收集洄游鱼类，对于过鱼设施能否发挥效益至关重要。

鱼类行为的产生是外界环境刺激的结果。当周围环境发生变化时，鱼类会做出应激反应，如游动行为变化、位置转移等，这种反应被称为鱼类行为响应，而洄游鱼类的集群效应则是鱼类对坝下水力条件的行为响应，因此可以利用鱼类的坝下集群效应来合理布置集诱鱼系统。开展坝下河道的流场分析，是确定水电站不同运行方式下鱼类集群区域的重要技术手段。

本章针对坝下近 3 km 的河道范围开展水力学分析。下游河床的复杂地形使得水流信息极为丰富，但对于近 3 km 的大尺度水域而言，水下精细的复杂地形难以获取，物理模型试验和三维数值模拟难以达到获取局部三维水动力细节的理想效果。水流流速是选择集诱鱼系统进口位置时最关键和最直接的指标，当河流流速处于洄游鱼类的感应流速与临界游泳速度之间时，洄游鱼类才有能力从下游河道游至上游。集诱鱼系统进口布置属于水工设施布置范畴，非水工结构的局部流场优化，所以对于坝下河道的较大尺度范围，采用二维流场模拟即可实现本章的研究目标。

本章应用 HEC-RAS 软件二维模块，进行坝下二维流场模拟。HEC-RAS 是由美国陆军工程兵团（United States Army Corps of Engineers，USACE）水道试验站开发的一款适用于一维和二维河道水力计算的软件。HEC-RAS 软件二维模块的水力控制方程为浅水方程，形式如下：

$$\frac{\partial \boldsymbol{U}}{\partial t} + \frac{\partial \boldsymbol{F}}{\partial x} + \frac{\partial \boldsymbol{G}}{\partial y} = \boldsymbol{S} \tag{8.1}$$

其中，

$$\boldsymbol{U} = \begin{pmatrix} h \\ hu \\ hv \end{pmatrix}, \quad \boldsymbol{F} = \begin{pmatrix} hu \\ hu^2 + \dfrac{1}{2}gh^2 \\ hv \end{pmatrix}, \quad \boldsymbol{G} = \begin{pmatrix} hv \\ huv \\ hv^2 + \dfrac{1}{2}gh^2 \end{pmatrix}$$

$$\boldsymbol{S} = \boldsymbol{S}_0 + \boldsymbol{S}_f = \begin{pmatrix} 0 \\ ghS_{0x} \\ ghS_{0y} \end{pmatrix} + \begin{pmatrix} 0 \\ -ghS_{fx} \\ -ghS_{fy} \end{pmatrix} \tag{8.2}$$

其中，

$$S_{0x} = -\frac{\partial Z}{\partial x}, \quad S_{0y} = -\frac{\partial Z}{\partial y}$$

$$S_{fx} = \frac{n^2 u \sqrt{u^2 + v^2}}{h^{4/3}}, \quad S_{fy} = \frac{n^2 v \sqrt{u^2 + v^2}}{h^{4/3}} \tag{8.3}$$

式中：h 为水深；u、v 分别为 x、y 方向上的流速分量；S_{0x}、S_{0y} 分别为 x、y 方向上的底坡；S_{fx}、S_{fy} 分别为 x、y 方向上的摩阻坡度；Z 为河床高程；n 为粗糙系数；g 为重力加速度。

依据本章的计算目的，并考虑边界条件的确定，计算区域涵盖左岸坝后厂房尾水出口、右岸地下厂房尾水出口及其下游 2.83 km 河长范围内的河道，如图 8.1 所示。河道地形数据由后处理实测散点数据资料得到。

流量和水位分别作为上、下游边界条件。流量为 2014~2018 年鱼类洄游期（4~6月）各月的多年平均流量（Q），水位由此工程下游水文站的水位-流量关系确定。本研究区域内河床的粗糙系数 n 采用 0.035。

　　熊锋（2015）通过水流诱鱼试验指出，同等条件下水位变化对诱鱼效果的影响不大，而流速是诱鱼、集鱼的主要影响因素，故本章关注各工况下流速场的模拟结果。此工程左右岸均有水电站厂房，机组不同的运行方式将使坝下近区流场发生显著变化，从而影响鱼类洄游和集群区域的分布。

图 8.1　坝下 2.83 km 河道的模拟计算区域

　　为寻求水电站不同运行方式下适合的集诱鱼系统进口位置，针对鱼类主要洄游期（4～6 月）不同的发电工况，进行坝下二维流场模拟，工况如表 8.1 所示。洄游期的每个月都分别模拟 5 种发电工况，其左岸发电机组下泄流量（Q_1）与右岸发电机组下泄流量（Q_2）的比分别为 1∶0、0∶1、1∶2、2∶1、1∶1，分别以工况 1～5 进行编号。

表 8.1　各种工况下左右岸厂房的流量分配（4～6 月）　　　　（单位：m³/s）

月份	Q	工况 1		工况 2		工况 3		工况 4		工况 5	
		$Q_1=Q$	$Q_2=0$	$Q_1=0$	$Q_2=Q$	$Q_1=\frac{1}{3}Q$	$Q_2=\frac{2}{3}Q$	$Q_1=\frac{2}{3}Q$	$Q_2=\frac{1}{3}Q$	$Q_1=\frac{1}{2}Q$	$Q_2=\frac{1}{2}Q$
4	2 770	2 770	0	0	2 770	923.33	1 846.67	1 846.67	923.33	1 385	1 385
5	2 840	2 840	0	0	2 840	946.67	1 893.33	1 893.33	946.67	1 420	1 420
6	4 970	4 970	0	0	4 970	1 656.67	3 313.33	3 313.33	1 656.67	2 485	2 485

8.3　坝下河段流场分析

通过对该工程所处江段典型洄游鱼类栖息地水流环境及游泳能力的调查可知，流速在 0.1～0.7 m/s 范围内的水域是鱼类易于上溯和集群的区域，集诱鱼系统的进口位置应在该水域范围内选择。

图 8.2 显示的是部分工况下的坝下流场计算结果。工况 1 和工况 4 条件下坝下河道的流场分布类似，其适合鱼类上溯的区域主要分布在左右两岸，且较长，右岸适宜上溯的区域可连续贯通至坝下，而且适合鱼类上溯的水域范围较大，集诱鱼系统进口可供选择的位置较多；工况 2、3、5 条件下坝下河道的流场分布类似，适合鱼类上溯的区域也主要分布在左右两岸，但较短且不连续，可能会对鱼类顺利上溯至坝下产生一定的不利影响。各工况下 4～6 月适合鱼类上溯的流速区域占比如图 8.3 所示，由图 8.3 可见，4 月时，工况 1 和工况 4 适合鱼类上溯的流速区域占比分别为 30.6% 和 30.1%，而工况 2、3、5 的适宜流速区域占比分别为 27.7%、27.8% 和 27.3%；5 月时，工况 1 和工况 4 的适宜流速区域占比分别为 27.3% 和 30.1%，工况 2、3、5 的适宜流速区域占比分别为 25.0%、25.3% 和 25.5%；6 月时，工况 1 和工况 4 的适宜流速区域占比分别为 16.9% 和 15.3%，工况 2、3、5 的适宜流速区域占比分别为 13.2%、13.6% 和 13.7%。

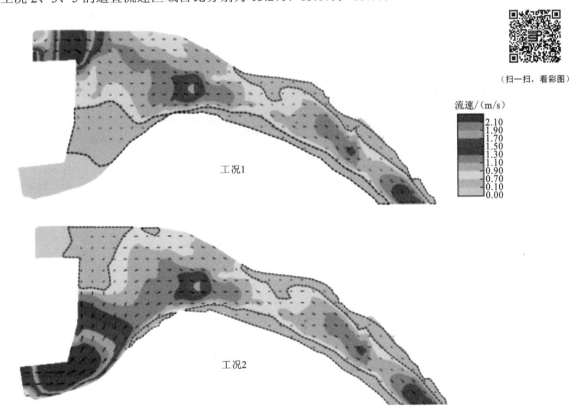

（扫一扫，看彩图）

流速/(m/s)
2.10
1.90
1.70
1.50
1.30
1.10
0.90
0.70
0.10
0.00

工况1

工况2

（a）4月坝下流场模拟

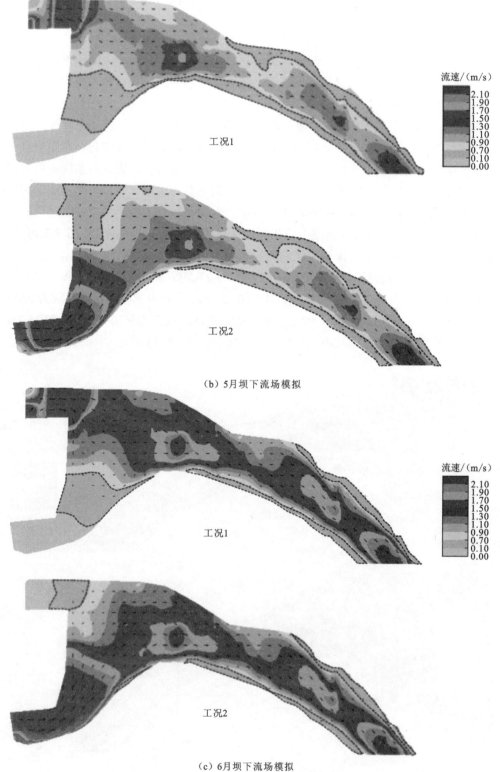

流速/(m/s)
2.10
1.90
1.70
1.50
1.30
1.10
0.90
0.70
0.10
0.00

工况1

工况2

（b）5月坝下流场模拟

流速/(m/s)
2.10
1.90
1.70
1.50
1.30
1.10
0.90
0.70
0.10
0.00

工况1

工况2

（c）6月坝下流场模拟
图 8.2　工况 1 和工况 2 的坝下流场模拟图

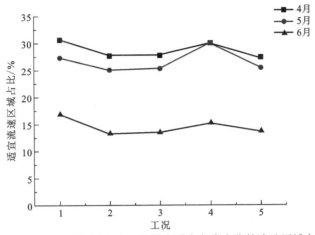

图 8.3　4~6 月坝下 2.83 km 范围内适合鱼类上溯的流速区域占比

上述结果表明，工况 1 和工况 4（即仅左岸水电站机组发电出力，下泄当月流量的全部，右岸水电站停发，以及左岸水电站下泄流量与右岸水电站下泄流量比例为 2∶1 两种工况）条件下坝下 2.83 km 范围内适宜鱼类上溯的区域线路长并能贯通至坝下右岸，且适合鱼类上溯的流速区域的占比也是最大的，因此集诱鱼系统进口位置的选择较多。而工况 2、3、5 条件下，坝下 2.83 km 范围内适合鱼类上溯的流速区域的占比较小，且适宜鱼类上溯的区域线路较短且不连续。因此，综合洄游线路是否能够贯通和适宜流速区域占比两方面，可称工况 1 和工况 4 为集诱鱼最优工况，称工况 2、3、5 为集诱鱼一般工况。

综合分析集诱鱼最优工况和集诱鱼一般工况的坝下流场分布可知，两种工况下的河道主流流速均在 1.3 m/s 以上，超过了鱼类的临界游泳能力，而河道两岸均存在适合此江段鱼类上溯的区域，即图 8.2 中由虚线所围成的绿色区域，所以左右两岸的带状水域均是适合鱼类上溯洄游的区域。

集诱鱼最优工况下，右岸适合鱼类上溯的带状区域可贯穿至坝下，但左岸带状区域距离坝下较远，鱼类能够上溯的最近坝位置距离坝下约 1 km。

集诱鱼一般工况下，左、右岸适合鱼类上溯的带状区域的最上游距离坝下较远，分别距离坝下约 700 m 和 1 km。总地来讲，左岸下泄流量大于右岸时，坝下形成的流场更有利于鱼类上溯及集群。此外，同一工况类型下，下泄流量较小的月份，其坝下所形成的适合鱼类上溯的流速区域占比更大，优于大流量月份。

从适合鱼类上溯洄游的角度来看，在 4~6 月的典型洄游期，水电站按照工况 1 和工况 4 的方式运行，更有利于鱼类上溯至坝前。但是从集诱鱼系统进口布置的角度来看，需要综合工况 1~5 的流场分析结果，选择出适合水电站不同运行工况的布置位置，以兼顾水电站不同运行条件下的集诱鱼工作。

8.4　基于鱼类坝下集群效应的集诱鱼系统
进口位置的选择

8.4.1　集诱鱼最优工况下的进口位置选择

由于河道主流的流速较大，岸边的水流流速较低，洄游鱼类通常选择沿着岸边进行上溯洄游。

集诱鱼系统进口的布置原则是尽可能接近鱼类溯河洄游能够到达的最上游位置，以减少过鱼设施的工程量。从图 8.2 工况 1 的流场分布可以看出，左岸适合上溯的带状区域不连续，易对鱼类顺利上溯至坝下产生一定的不利影响，而右岸的区域连续，相比于左岸，鱼类更容易沿其上溯至更远的距离。因此，右岸相比于左岸更适合鱼类上溯，集诱鱼系统进口更适合布置在坝下右岸。

将集诱鱼最优工况（工况 1、工况 4）坝下流场模拟结果中适合鱼类上溯洄游的流速区域叠加，如图 8.4 所示，红色阴影区域、蓝色阴影区域分别为 4～6 月工况 1、工况 4

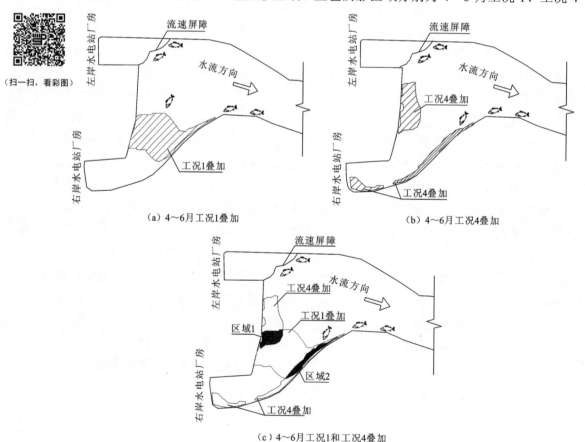

（扫一扫，看彩图）

（a）4～6月工况1叠加　　　　　　（b）4～6月工况4叠加

（c）4～6月工况1和工况4叠加

图 8.4　集诱鱼最优工况下适合集诱鱼系统进口布置的区域平面图

下适合鱼类上溯洄游的区域。将上述两个阴影区域再次进行叠加可得到最终适合鱼类上溯的区域，即图 8.4（c）中的黑色区域，也即图 8.4（c）中的区域 1 和区域 2。在该区域内，可以根据工程布置情况，设置升鱼机等高坝过鱼设施的集诱鱼系统。由于左岸水电站厂房尾水区域流速较高，超过了此江段鱼类的临界游泳速度，从而产生了流速屏障。借助于该流速屏障的隔离和引导作用，鱼类会更容易聚集在右岸适合鱼类上溯的流速区域内，从而起到较好的集诱鱼效果。

8.4.2　集诱鱼一般工况下的进口位置选择

由 8.4.1 小节的分析可知，当处于集诱鱼最优工况时，适合鱼类上溯的流速区域占比最大，右岸是更适合布置集诱鱼系统进口的位置，但在实际工程中，选择集诱鱼系统进口位置时，不能只考虑理想情况，也不能规定水电站必须按照鱼类上溯的最佳运行方式运行。因此，为了协调水电站发电和生态保护两方面的需求，仍需根据集诱鱼一般工况下适合鱼类上溯的区域分布及流场情况，寻求其他适合布置集诱鱼系统进口的位置。

对于鱼类适宜上溯区域占比较小的集诱鱼一般工况，如工况 2、3、5，其坝下河道两岸适合鱼类上溯的区域均不再连续且显著缩小。图 8.5（a）～（c）中的品红色、绿色和黄色阴影区域分别为 4～6 月工况 2、3、5 下适合鱼类上溯洄游的区域。将上述阴影区域叠加，可得到这三种工况下适合鱼类上溯的区域，即图 8.5（d）中的黑色区域，分别称为区域 3 和区域 4。由图 8.5（d）可见，适合鱼类上溯的区域均位于坝下稍远地带，两区域分别距离坝下 700 m、1 km 左右，可在该区域内设置升鱼机等高坝过鱼设施的集

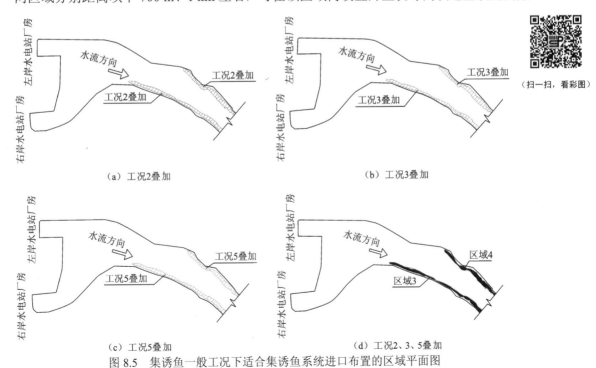

（扫一扫，看彩图）

（a）工况2叠加　　　　　　　　　（b）工况3叠加

（c）工况5叠加　　　　　　　　　（d）工况2、3、5叠加

图 8.5　集诱鱼一般工况下适合集诱鱼系统进口布置的区域平面图

诱鱼系统，当不便布置升鱼机的运鱼设施时，也可以在该区域内设置集运鱼船，来解决集诱鱼一般工况下的鱼类过坝问题。

　　由上述分析可知，集诱鱼最优工况（工况 1、4）下右岸更适合鱼类进行上溯洄游，所以高坝过鱼设施（如升鱼机）的集诱鱼系统的进口更适合设置在靠近坝下的区域 1 和区域 2 内。在集诱鱼一般工况（工况 2、3、5）下，距离坝下稍远的区域 3 和区域 4 内可布置集诱鱼系统的进口或集运鱼船，以兼顾集诱鱼一般工况下的鱼类过坝。按照上述布置方案，在集诱鱼最优工况下，可开启区域 1 内的集诱鱼系统进口，也可同时启动区域 3 和区域 4 内的集诱鱼系统进口及集运鱼船；在集诱鱼一般工况下，只开启区域 3 和区域 4 内的集诱鱼系统进口。

　　综上所述，本章根据某水电站在典型鱼类洄游期的运行工况及相应的流场特性，确定了过鱼设施集诱鱼系统进口和集运鱼船的较优布置位置，能够兼顾工程发电和鱼类生态保护的双重目标。此外，区域 1 内的流速较小，约为 0.1 m/s，如果集诱鱼系统进口下泄水流的流速也较低，鱼类可能被流速较大的河道主流或尾水吸引而难以发现集诱鱼系统进口。因此，除了为集诱鱼系统进口选择适合的布置位置外，为集诱鱼系统设置诱鱼水流也是提高鱼类进入集诱鱼系统效率的重要措施。第 9 章过鱼设施进口水流诱鱼技术将对集诱鱼系统进口诱鱼技术进行初步探索。

第9章 过鱼设施进口水流诱鱼技术

9.1 引　言

尽管人们早已意识到集诱鱼系统的重要性，但是如何让鱼类顺利地发现过鱼设施进口，并引诱鱼类进入过鱼设施，是目前所有过鱼设施都面临的一大难题，也是过鱼设施设计和管理中非常重要的一环。

通过对鱼类上溯路径的选择及坝下集群效应水动力机制的分析，将集诱鱼系统设置在鱼类更容易上溯到达的水域，尚不能完全解决鱼类能否顺利进入过鱼设施的问题。因为鱼类在坝下的集群区域的水流环境十分复杂，发电尾水、鱼道水流、坝段泄水等多种水流并存，在如此复杂的水流环境中，如何使集诱鱼系统进口对鱼类产生足够的吸引力，对于有效发挥过鱼设施的作用十分关键。因此，开展集诱鱼技术研究，为过鱼设施创造有利于目标鱼类顺利进入过鱼设施的水域环境对于提高过鱼设施的过鱼效果具有重要意义。

在工程实践中，最常见的过鱼设施诱鱼方法是利用水流诱鱼。常规做法是，将过鱼设施集诱鱼系统的进口位置设在经常有下泄水流的区域，如大坝的溢洪道及水电站的尾水附近，并辅以诱鱼补水系统，制造出射流、跌水等诱鱼水流。目前，虽然人们已经意识到合理布置集诱鱼系统进口、创造适宜水流条件可以达到引诱目标鱼类的目的，并为此开展了很多工程应用，但现阶段关于水流对鱼类诱集机制的认知理论仍非常少，相关研究成果还难以直接指导过鱼设施诱鱼措施的设计，工程设计和改造仍以经验为主。

本章将以草鱼幼鱼为研究对象，设计集诱鱼系统水流概化模型，通过室内的草鱼上溯试验，探索草鱼幼鱼对不同诱鱼水流的选择机制，为过鱼设施集诱鱼系统进口的诱鱼水流设计提供科学依据。

9.2 试验设计

9.2.1 试验装置设计

鱼类具有逆流上溯的习性，本章利用实验室水槽，设计水流诱鱼试验装置，观测和分析试验鱼在不同水流条件下的上溯行为和对诱鱼水流的选择，从而研究水流对鱼类的诱导作用。

　　水流诱鱼试验装置为 2 条不同宽度、不同流速且具有一定夹角的流道，分别标注为 1 号流道和 2 号流道。1 号流道设置在左侧，过水断面为矩形，宽度为 40 cm，其轴线即主流方向，断面平均流速的可调节范围为 0～1.0 m/s；2 号流道布置在 1 号流道旁，过水断面也为矩形，宽度为 20 cm，断面平均流速的可调节范围为 0～0.7 m/s。2 号流道进鱼口的轴线与主流成一定夹角，2 号流道与 1 号流道相交后，2 号流道的水流并入 1 号流道。不同的流道流量和流道夹角，将会在两个流道的进鱼口附近制造出不同的流场。本章将分别采用 15°、30° 和 45° 的流道夹角及不同的进鱼口流速，开展草鱼幼鱼上溯试验。

　　两条流道的最上游设有整流栅（整流孔板），可在整流栅后获得较为均匀和平顺的流道水流；1 号流道的最末端设有放鱼池，其前后均有拦鱼网，试验开始前将试验鱼放置于放鱼池内适应水流；两条流道的进鱼口至下游放鱼池之间为长 4.91 m 的鱼类上溯洄游试验区，其中紧邻两条流道进鱼口的下游顺水流方向长 2 m 的区域为重点观测区；试验开始后撤掉上游拦鱼网，通过摄像机记录和观测试验鱼在相应流场下的上溯情况，同时对模型流场进行测量。模型的平面示意图见图 9.1，模型照片见图 9.2。

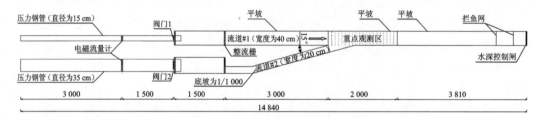

（a）15° 夹角下模型平面示意图

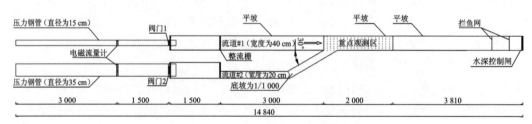

（b）30° 夹角下模型平面示意图

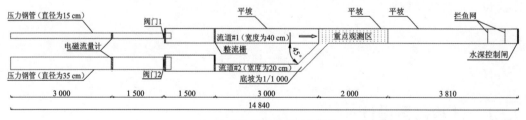

（c）45° 夹角下模型平面示意图

图 9.1　两流道不同夹角时的模型平面示意图（单位：mm）

图 9.2　物理模型试验水槽及装置实物图

模型采用循环供水系统:高位水箱通过两根压力钢管分别为 1 号流道和 2 号流道供水,每根压力钢管上装有电磁流量计和调流阀门,用于流道流量的测量和调控;1 号流道的最末端设置有水深控制闸,用于调控水槽内的水深;水流经水深控制闸下泄后通过回水渠进入实验室地下水库,回水渠道上装设薄壁堰,可对压力钢管上的电磁流量计进行率定。

鱼类上溯洄游试验区上方安置摄像机对整个鱼类上溯过程进行记录,鱼类上溯洄游试验区的流场采用声学多普勒流速仪进行测量。测量流场时,将顺 1 号流道的水流方向定义为 x 轴,将垂直于 1 号流道水流方向的水平方向定义为 y 轴,垂直于 x-y 平面的方向为 z 轴。在沿 z 轴方向距离渠道底部 5 cm 的水平面上,沿 x 和 y 方向均每隔 5 cm 布置一个流速测点。

9.2.2　试验用鱼及试验条件

由于鱼的游泳能力和鱼的体长成正比,所以幼鱼比成鱼的游泳能力更弱,针对幼鱼开展过鱼设施水力学研究能兼顾不同生理阶段的鱼类洄游。南昌大学胡茂林(2009)调查发现,在 7 月中旬~8 月底,索饵洄游进入鄱阳湖口的"四大家鱼"幼鱼的体长主要集中在 5~15 cm,此时湖口处水温的平均值为 28~30℃,所以本章试验以索饵洄游期的"四大家鱼"幼鱼为研究对象。此外,由于"四大家鱼"同属于鲤科,体长相近条件下游泳能力相近,故本试验选取草鱼幼鱼为试验鱼种,探索水流对鱼类的诱导作用和可供推广的试验方法,将来再逐步推广至其他鱼种。

试验所用的草鱼幼鱼由天津某渔场提供,由渔场专业人员网捞试验鱼,并用专业水产运输箱运输至试验场所,试验鱼的采集时间为 8 月中旬,8 月下旬开始进行试验研究,试验鱼体长为 5~8 cm。试验鱼体长、研究时间均符合索饵洄游期的"四大家鱼"幼鱼条件。试验共计使用草鱼幼鱼 510 尾。

根据鱼类生理试验的驯化和暂养要求，试验鱼在抵达试验基地后，将其放置在长2 m、宽 1 m、高 1.5 m 的矩形玻璃水池内以活水暂养 14 天左右，暂养水经过除氯及为期至少 5 天的曝气处理，水温为（23±1）℃，溶解氧的质量浓度维持在 8.52 mg/L 以上，氨氮的质量浓度在 0.01 mg/L 以下，光照为室内自然光，试验前 2 天停止喂食。试验鱼的暂养和试验条件与 7～8 月"四大家鱼"鱼苗索饵洄游的自然水环境条件基本一致。

9.2.3　试验方法及试验工况

调整两个流道的角度和流量以制造出不同的流态工况，每种流态工况下，随机选取10 尾试验鱼开展上溯洄游试验。在正式试验之前，将试验鱼投放至水槽的放鱼区，待试验鱼适应了水流环境，没有明显的变向游动时，就可以开启放鱼区上游的拦鱼网，进入正式试验阶段。试验鱼在水流刺激下开始逆流上溯，通过摄像机记录试验鱼的游动行为和游泳轨迹，以及试验鱼进入上游 1 号或 2 号流道的时间及尾数。试验鱼进入某流道后，及时将其打捞走，以免其返回洄游区影响试验结果。

Aoki 等（2009）对鱼类试验的持续时间进行了研究，发现当试验时间设置为 20 min和 300 min 时，试验鱼的上溯成功率相差无几，因此每次试验的最长观察时间取 20 min，当试验时间达到 20 min 时，仍有试验鱼未进入上游流道，则认定其无法进入流道。

为尽可能减小试验过程中的偶然误差，每种水流条件下重复做 3 次试验，试验鱼不重复使用。

计算不同试验工况下各流道的进鱼成功率，每个流道的进鱼成功率的定义见式（9.1），并求其 3 次重复试验的平均值。

$$R_r = \frac{F_C}{F_T} \times 100\% \tag{9.1}$$

式中：R_r 为进鱼成功率；F_C 为每组试验中成功进入某流道的试验鱼尾数；F_T 为每组试验的试验鱼总数（10 尾）。

试验工况分为两类。第一类试验工况中 2 号流道的流量为零，通过阀门调节流量将 1 号流道进鱼口的流速分别设定为 0.07～0.58 m/s，根据试验鱼在不同流速下进入 1号流道的上溯成功率来判定 1 号流道的最佳诱鱼流速。第一类试验工况包含两个流道夹角为 15°、30° 和 45° 的情况，各工况参数见表 9.1。

表 9.1　第一类试验工况　　　　　　　　　　（单位：m/s）

工况	15°		30°		45°	
	1 号流道进鱼口流速	2 号流道进鱼口流速	1 号流道进鱼口流速	2 号流道进鱼口流速	1 号流道进鱼口流速	2 号流道进鱼口流速
1-1	0.07	0	0.07	0	0.07	0
1-2	0.16	0	0.16	0	0.16	0
1-3	0.23	0	0.23	0	0.23	0

续表

工况	15°		30°		45°	
	1号流道 进鱼口流速	2号流道 进鱼口流速	1号流道 进鱼口流速	2号流道 进鱼口流速	1号流道 进鱼口流速	2号流道 进鱼口流速
1-4	0.31	0	0.31	0	0.31	0
1-5	0.39	0	0.39	0	0.39	0
1-6	0.46	0	0.46	0	0.46	0
1-7	0.58	0	0.58	0	0.58	0

第二类试验工况将 1 号流道进鱼口的流速设置为 0.23 m/s，将 2 号流道进鱼口的流速分别设定为 0.30～0.70 m/s 进行试验，记录试验鱼进入 1 号和 2 号流道的成功率。第二类试验工况同样包含两个流道夹角为 15°、30° 和 45° 的情况，各工况参数见表 9.2。

表 9.2　第二类试验工况　　　　　　　　　　（单位：m/s）

工况	15°		30°		45°	
	1号流道 进鱼口流速	2号流道 进鱼口流速	1号流道 进鱼口流速	2号流道 进鱼口流速	1号流道 进鱼口流速	2号流道 进鱼口流速
2-1	0.23	0.30	0.23	0.30	0.23	0.30
2-2	0.23	0.40	0.23	0.40	0.23	0.40
2-3	0.23	0.50	0.23	0.50	0.23	0.50
2-4	0.23	0.60	0.23	0.60	0.23	0.60
2-5	0.23	0.70	0.23	0.70	0.23	0.70

其中，1、2 号流道进鱼口流速的测量位置均为流道内距离出口 5 cm 的断面。

9.3　最佳诱鱼水流角度及流速研究

9.3.1　第一类试验工况的结果

第一类试验工况下，2 号流道的流量为零，1 号流道通过改变流量来改变进鱼口的流速，观测两个流道进鱼成功率的变化，其试验结果见表 9.3 及图 9.3，该试验结果呈现出以下几个方面的规律。

（1）第一类试验工况下，1 号流道有水流下泄，2 号流道的流量为零，1 号流道的进鱼成功率普遍高于 2 号流道，可见 1 号流道对试验鱼更有吸引力，充分体现了水流对鱼类的吸引作用。

（2）随着 1 号流道进鱼口流速的增加，1 号流道的进鱼成功率表现出先增加后减小的趋势。

表 9.3　第一类试验工况下各流道的进鱼成功率

1 号流道流速 /(m/s)	两流道夹角 15°		两流道夹角 30°		两流道夹角 45°	
	1 号流道进鱼成功率/%	2 号流道进鱼成功率/%	1 号流道进鱼成功率/%	2 号流道进鱼成功率/%	1 号流道进鱼成功率/%	2 号流道进鱼成功率/%
0.07	50.00	30.00	76.67	6.67	50.00	33.33
0.16	36.67	53.33	76.67	13.33	73.33	16.67
0.23	87.00	10.00	80.00	0.00	77.00	10.00
0.31	93.33	0.00	93.33	3.33	93.33	3.33
0.39	80.00	20.00	96.67	0.00	80.00	20.00
0.46	43.33	6.67	33.33	13.33	43.33	6.67
0.58	10.00	3.33	0.00	3.33	10.00	3.33

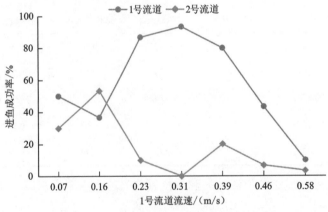

（a）两流道夹角为15°时的流道进鱼成功率

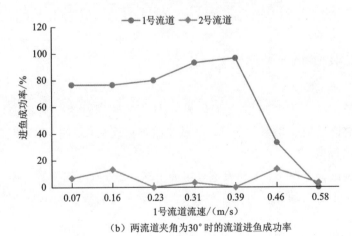

（b）两流道夹角为30°时的流道进鱼成功率

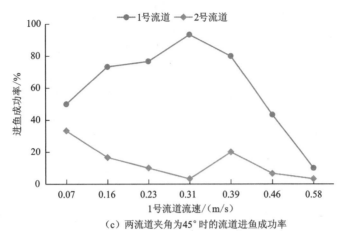

（c）两流道夹角为45°时的流道进鱼成功率

图 9.3　两流道不同夹角时的流道进鱼成功率

对于两流道夹角为 15°和 45°的情况，随着 1 号流道进鱼口流速的增加，1 号流道的进鱼成功率逐步增加，当 1 号流道进鱼口的流速增至 0.31 m/s 时，进鱼成功率达到最高，为 93.33%；当 1 号流道进鱼口的流速继续增加时，1 号流道的进鱼成功率开始下降，当 1 号流道进鱼口的流速增至 0.58 m/s 时，1 号流道的进鱼成功率降至最低，仅为 10.00%。

对于两流道夹角为 30°的情况，随着 1 号流道进鱼口流速的增加，其进鱼成功率也表现出相同的先增后减规律。当 1 号流道进鱼口的流速增至 0.39 m/s 时，1 号流道的进鱼成功率达到最高，为 96.67%；当 1 号流道进鱼口的流速继续增加时，1 号流道的进鱼成功率开始下降，当进鱼口流速增至 0.58 m/s 时，其进鱼成功率降至 0.00，此时已没有试验鱼进入 1 号流道。

总体而言，当 1 号流道进鱼口的流速在 0.23～0.39 m/s 时，1 号流道的进鱼成功率最高，为 77.00%～93.33%，平均进鱼成功率可达 87%；当 1 号流道进鱼口的流速达到 0.58 m/s 时，其进鱼成功率降至最低，不超过 10.00%。

由 2.5.8 小节的草鱼临界游泳速度试验，得到了草鱼幼鱼体长与临界游泳速度之间的关系式：

$$U_{crit} = 3.960BL + 47.494, \quad R^2 = 0.837 \tag{9.2}$$

式中：U_{crit} 为临界游泳速度（cm/s）；BL 为试验鱼体长（cm）。

由该临界游泳速度计算公式可知，体长为 5～8 cm 的草鱼幼鱼，其临界游泳速度为 0.67～0.79 m/s，当 1 号流道进鱼口的流速达到 0.58 m/s 时，已经接近试验鱼的临界游泳速度，且由于 2 号流道与 1 号流道之间夹角的存在，在 1 号、2 号流道进鱼口附近产生了较大的回流，综合两方面影响可以给出 0.58 m/s 流速条件下 1 号流道进鱼成功率骤降的原因。

（3）在第一类试验工况下，2 号流道无流量下泄，因此 2 号流道缺少对试验鱼的吸引，各工况下 2 号流道的进鱼成功率均不高，各工况平均进鱼成功率仅为 12.22%。

当 1 号流道进鱼口的流速较低（不大于 0.16 m/s）时，1 号流道对试验鱼的吸引力尚不高，2 号流道与主流的夹角为 15°、30° 和 45° 时，2 号流道的进鱼成功率分别为 41.67%、10% 和 25%，平均进鱼成功率为 25.56%，是第一类试验工况中 2 号流道所能达到的最高进鱼成功率。

随着 1 号流道进鱼口流速的增加，2 号流道的进鱼成功率逐渐降低，当 1 号流道进鱼口的流速达到最佳诱鱼流速（即 0.23～0.39 m/s）时，2 号流道的进鱼成功率进一步降低，此时 2 号流道的平均进鱼成功率仅为 7.41%；当 1 号流道的流速继续增加而接近试验鱼极限游泳能力（即 0.58 m/s）时，水流在 1 号流道和 2 号流道进鱼口形成障碍，2 号流道的平均进鱼成功率仅为 3.33%。

（4）从有限的试验结果来看，在同样的水力条件下，2 号流道与主流的夹角为 15° 时，其进鱼成功率总体要高于与主流夹角为 30° 和 45° 的情况。

当 1 号流道进鱼口的流速为 0.16 m/s 时，2 号流道在与 1 号流道的夹角为 15° 时，进鱼成功率达到该类试验工况下的最高值，为 53.33%，远高于 30° 和 45° 夹角时的 13.33% 和 16.67%。

9.3.2　第二类试验工况的结果

由第一类试验工况可知，在 2 号流道不下泄水流，而 1 号流道进鱼口流速为 0.23 m/s 的条件下，两流道夹角为 15°、30° 和 45° 时，1 号流道的进鱼成功率分别为 87.00%、80.00% 和 77.00%，2 号流道的进鱼成功率分别仅为 10.00%、0.00 和 10.00%。在此条件下增加 2 号流道的流量（1 号流道进鱼口流速始终保持为 0.23 m/s），在 1 号和 2 号流道两股水流的影响下开展草鱼幼鱼上溯试验，观测两个流道进鱼成功率的变化，具体工况见表 9.2，称为第二类试验工况。其试验结果见表 9.4 及图 9.4。试验结果呈现出以下几个方面的规律。

表 9.4　第二类试验工况下各流道的进鱼成功率

2 号流道流速 /(m/s)	两流道夹角 15°		两流道夹角 30°		两流道夹角 45°	
	1 号流道进鱼成功率/%	2 号流道进鱼成功率/%	1 号流道进鱼成功率/%	2 号流道进鱼成功率/%	1 号流道进鱼成功率/%	2 号流道进鱼成功率/%
0.30	76.67	6.67	76.67	6.67	63.33	10.00
0.40	56.67	16.67	66.67	23.33	53.33	20.00
0.50	46.67	23.33	36.67	3.33	53.33	26.67
0.60	33.33	13.33	16.67	3.33	46.67	3.33
0.70	23.33	0.00	16.67	0.00	36.67	0.00

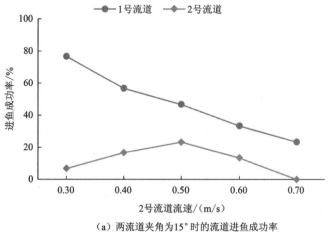

（a）两流道夹角为15°时的流道进鱼成功率

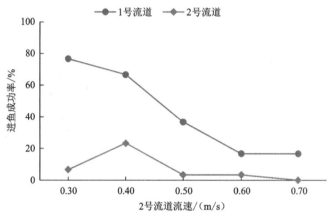

（b）两流道夹角为30°时的流道进鱼成功率

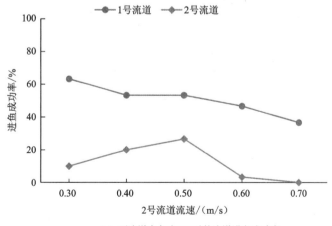

（c）两流道夹角为45°时的流道进鱼成功率

图 9.4　第二类试验工况下两流道的进鱼成功率

（1）流道水流方向与主流方向一致，更有利于吸引试验鱼进入。当 1 号流道进鱼口和 2 号流道进鱼口流速相近时，1 号流道的进鱼成功率要明显大于 2 号流道。例如，当 2

号流道进鱼口的流速为 0.30 m/s，而 1 号流道进鱼口的流速为 0.23 m/s 时，1 号流道的平均进鱼成功率为 72.22%，而 2 号流道的进鱼成功率不超过 10%，大部分试验鱼都进入 1 号流道。这说明流道水流方向与主流方向一致，更有利于吸引试验鱼进入；流道水流方向与主流方向有夹角，则不利于试验鱼进入。

（2）随着 2 号流道进鱼口流速的逐渐增加，2 号流道的进鱼成功率呈现先增后减的趋势，说明尽管 2 号流道的水流与主流存在夹角，相对于 1 号流道不利于试验鱼进入，但 2 号流道同样存在一个最佳的诱鱼流速。

对于 2 号流道水流与主流呈 15° 和 45° 夹角的情况，其最佳诱鱼流速为 0.50 m/s，其最高进鱼成功率分别为 23.33% 和 26.67%；对于 2 号流道水流与主流呈 30° 夹角的情况，其最佳诱鱼流速为 0.40 m/s，其最高进鱼成功率为 23.33%。

（3）随着 2 号流道进鱼口流速的逐渐增加，1 号流道进鱼成功率呈现一直减小的趋势。

当 2 号流道进鱼口的流速达到最佳诱鱼流速（0.40～0.50 m/s）时，2 号流道的进鱼成功率增加，必然引起 1 号流道进鱼成功率的减小；当 2 号流道进鱼口的流速进一步增加（0.60～0.70 m/s）时，无论 2 号流道的水流与主流成何种夹角，其下泄水流已经成为两个流道进鱼口的水流障碍，使得 1 号流道和 2 号流道的进鱼成功率同时下降；当 2 号流道进鱼口的流速达到 0.70 m/s 时，各夹角下 1 号流道的平均进鱼成功率降至 25.56%，而 2 号流道的进鱼成功率降至 0.00。这说明此时试验鱼不仅无法进入 2 号流道，进入 1 号流道的成功率也大大降低。

9.4　草鱼上溯通道的适宜水动力条件研究

两条流道的进鱼口与下游放鱼池之间为长 4.91 m 的鱼类上溯洄游试验区，通过对该通道内试验鱼上溯路径与流场的叠加分析，可以获知影响草鱼幼鱼上溯路径选择的敏感水动力因子及其喜爱范围，能够为以"四大家鱼"为过鱼对象的过鱼设施进口位置的选择提供水力学依据。

9.4.1　试验水槽内流场获取

1. 物理模型上的实际流场测量

利用三维电磁流速仪进行物理模型上重点观测区的流场测量。利用 WinLabEM 进行数据的监测和导出，软件操作界面如图 9.5 所示。试验水槽内，鱼类上溯洄游试验区为两条流道的进鱼口至下游放鱼池，其长度为 4.91 m。1 号流道出口为两流道上游相交点所在的过水断面，2 号流道出口为其与重点观测区相交的断面。本试验的流场测量主要针对其中的重点观测区，即紧邻两条流道出口的下游顺水流方向长 2 m 的区域。顺 1 号流道水流方向为 x 轴，垂直于 1 号流道水流的水平方向为 y 轴，水深方向为 z 轴。因为试验中观察到试验鱼的活动区域主要是水体的中下层，所以将在水深方向距水槽底板 0.05 m 的水层作为流速的测量面。沿 y 方向每隔 0.05 m 布置一个流速测点，共 8 行（含 2 号流道出口部分）。沿 x 方向每隔 0.05 m 布置一个测点，共 41 列。因此，在距水槽底板 0.05 m 的水层平面上共有 292 个流速测点，流速测点具体的分布图及编号情况如图 9.6 所示。

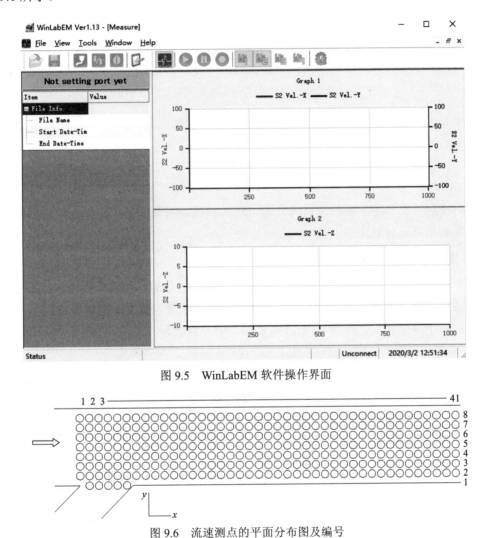

图 9.5　WinLabEM 软件操作界面

图 9.6　流速测点的平面分布图及编号

2. 数值模拟方法

试验流道模型采用六面体网格进行划分，模型网格划分结果如图 9.7 所示。网格边长均为 0.03 m，15°、30° 和 45° 夹角模型的网格数量分别为 51 751 个、39 949 个和 57 838 个。

图 9.7　两流道呈 45°夹角时的模型网格划分结果图

基于 VOF 方法及 RNG k-ε 模型方法精细模拟了试验水槽内的水力特性。模型控制方程参见 4.3.1 小节。

3. 物理模型和数学模型数据结果的对比与验证

针对流速工况为 1-5 且两流道夹角为 45°的情况，将数值模拟的流场计算结果和物理模型实测结果进行对比。

1）重点观测区横向流速的对比结果

选取重点观测区内第 6 列流速测点的 y 方向流速进行对比，结果如图 9.8 所示。由图 9.8 可知，重点观测区内横向流速的实测值和模拟值差别很小，两者分布趋势一致，实测值稍低于模拟值，误差为 5.12%～6.62%，吻合度较好。

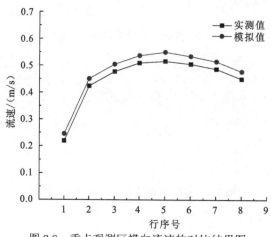

图 9.8　重点观测区横向流速的对比结果图

2）重点观测区纵向流速的对比结果

选取重点观测区内第 3 行流速测点的 x 方向流速进行对比，结果如图 9.9 所示，物理模型实测值和数值模拟计算结果吻合度较好，误差为 6.18%～9.94%。

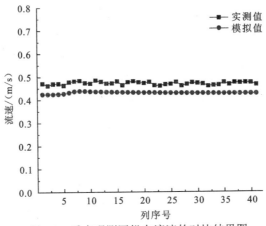

图 9.9　重点观测区纵向流速的对比结果图

3）重点观测区紊动能的对比结果

选取重点观测区内第 10 列流速测点沿 x 方向的紊动能进行对比，结果如图 9.10 所示。由图 9.10 可见，物理模型实测值与数值模拟结果吻合很好。

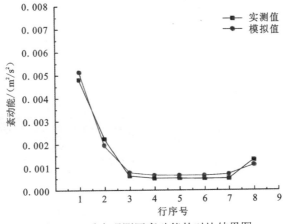

图 9.10　重点观测区紊动能的对比结果图

从上述重点观测区横向流速、纵向流速及紊动能情况的对比分析可知，通过数值模拟计算出的流场与物理模型实测结果基本吻合，数学模型的计算精度较高，数值模拟能够满足获取试验水槽内流场的要求。为了提高工作效率且全方位获取试验水槽内部的详细水流信息，草鱼上溯试验主要采用数值模拟方法来获取各工况的流场信息，以实现流场和试验鱼上溯轨迹的耦合分析。

9.4.2　试验鱼上溯轨迹与反映流态的水动力因子响应分析

本小节仍采用 4.4 节所述的 ZooTracer 软件捕捉试验鱼的运动轨迹，重点分析第二类试验工况下（即 1 号和 2 号流道同时下泄水流工况）鱼类游泳路径选择与水动力条件的关系。

由于每个流速工况重复进行 3 次试验，每次用鱼 10 条，所以每个流速工况用鱼 30 条。第二类试验工况下，双股水流下泄使得流道内的流态比较复杂，试验鱼多出现犹豫徘徊的情况，且相对于第 4 章的竖缝式鱼道池室试验（宽 120 cm），试验流道比较窄小（宽 40 cm），如果把试验鱼轨迹全部集中绘制在图上会呈现出十分杂乱的状态，不利于耦合分析，所以必须对试验鱼所有上溯轨迹点做概化处理，统计提取并绘制出特征轨迹线来描述整体轨迹分布趋势。具体方法如下：如图 9.11 所示，首先将重点观测区进行网格化处理，其中 $\Delta x = \Delta y = h$（h 取为 5 cm），若试验鱼上溯轨迹点 $P(x,y)$ 位于平面区域 $D_{i,j} = \left\{ (x,y) \mid x_i - \dfrac{h}{2} < x \leqslant x_i + \dfrac{h}{2}, y_j - \dfrac{h}{2} < y \leqslant y_j + \dfrac{h}{2} \right\}$ 内，则将试验鱼上溯轨迹点 $P(x,y)$ 归一至区域 $D_{i,j}$ 的网格节点 $M(x_i, y_j)$ 上，进而进行试验鱼上溯轨迹线的绘制。

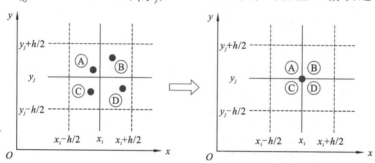

图 9.11　试验鱼上溯轨迹点概化处理

概化后的鱼类游泳轨迹与流道流场的叠加成果见图 9.12～图 9.14。

（扫一扫，看彩图）

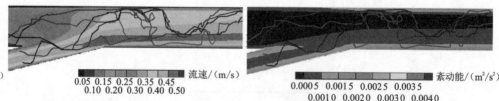

（a）工况2-1下试验鱼上溯游泳轨迹与流速场（左）和紊动能场（右）的叠加图

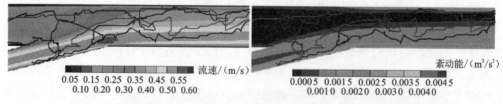

（b）工况2-2下试验鱼上溯游泳轨迹与流速场（左）和紊动能场（右）的叠加图

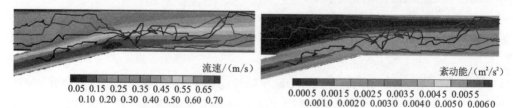

（c）工况2-3下试验鱼上溯游泳轨迹与流速场（左）和紊动能场（右）的叠加图

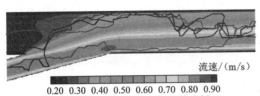

（d）工况2-4下试验鱼上溯游泳轨迹与流速场（左）和紊动能场（右）的叠加图

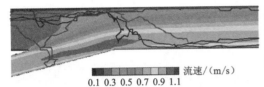

（e）工况2-5下试验鱼上溯游泳轨迹与流速场（左）和紊动能场（右）的叠加图

图9.12　15°夹角各流速工况下重点观测区试验鱼上溯游泳轨迹与流场的叠加图

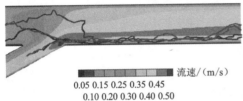

（扫一扫，看彩图）

（a）工况2-1下试验鱼上溯游泳轨迹与流速场（左）和紊动能场（右）的叠加图

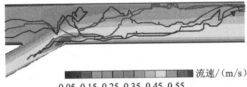

（b）工况2-2下试验鱼上溯游泳轨迹与流速场（左）和紊动能场（右）的叠加图

（c）工况2-3下试验鱼上溯游泳轨迹与流速场（左）和紊动能场（右）的叠加图

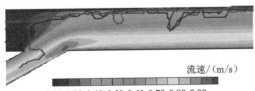

（d）工况2-4下试验鱼上溯游泳轨迹与流速场（左）和紊动能场（右）的叠加图

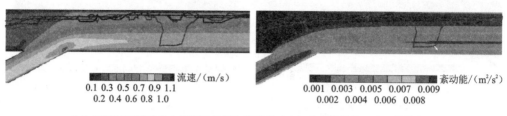

（e）工况2-5下试验鱼上溯游泳轨迹与流速场（左）和紊动能场（右）的叠加图

图9.13　30°夹角各流速工况下重点观测区试验鱼上溯游泳轨迹与流场的叠加图

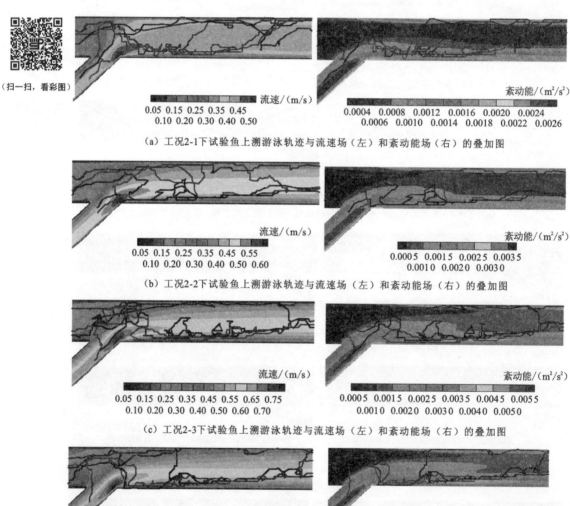

（扫一扫，看彩图）

（a）工况2-1下试验鱼上溯游泳轨迹与流速场（左）和紊动能（右）的叠加图

（b）工况2-2下试验鱼上溯游泳轨迹与流速场（左）和紊动能场（右）的叠加图

（c）工况2-3下试验鱼上溯游泳轨迹与流速场（左）和紊动能场（右）的叠加图

（d）工况2-4下试验鱼上溯游泳轨迹与流速场（左）和紊动能场（右）的叠加图

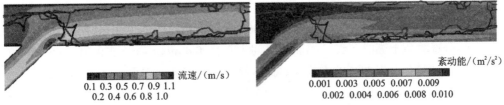

流速/(m/s)
0.1 0.3 0.5 0.7 0.9 1.1
0.2 0.4 0.6 0.8 1.0

紊动能/(m²/s²)
0.001 0.003 0.005 0.007 0.009
0.002 0.004 0.006 0.008 0.010

（e）工况2-5下试验鱼上溯游泳轨迹与流速场（左）和紊动能场（右）的叠加图
图9.14　45°夹角各流速工况下重点观测区试验鱼上溯游泳轨迹与流场的叠加图

由图9.12～图9.14可以看出，无论两条流道以何种角度相交，在流道流速较小的情况下，即工况2-1、2-2和2-3，试验鱼一般沿着水槽中央或水槽两侧边缘上溯。但当流道流速较高时，即在工况2-4和2-5下，绝大部分的试验鱼会避开流速较高的流道主流区域，沿着水槽两侧边壁进行上溯。部分试验鱼会以冲刺的运动状态穿过流道中间的主流区域，由一侧边壁到达另一侧边壁后继续上溯。

以两流道夹角为45°的第二类试验工况为例，进行草鱼幼鱼上溯路径的水动力条件分析，结果如表9.5所示。

表9.5　试验鱼上溯游泳轨迹与反映流态的水动力因子响应关系表

工况	流道内流速范围/(m/s)	1号流道进鱼成功率/%	1号流道进鱼尾数	2号流道进鱼成功率/%	2号流道进鱼尾数	经过的流速区间/(m/s)	经过的紊动能区间/(m²/s²)
2-1	0.05～0.50	63.33	19	10.00	3	0.1～0.45	0.000 4～0.001 8
2-2	0.05～0.60	53.33	16	20.00	6	0.1～0.6	0.000 5～0.002 5
2-3	0.05～0.75	53.33	16	26.67	8	0.1～0.65	0.000 5～0.004
2-4	0.05～0.95	46.67	14	3.33	1	0.1～0.8	0.000 5～0.006 5
2-5	0.10～1.10	36.67	11	0.00		0.1～0.9	0.001～0.008

如表9.5所示，在工况2-1下，试验流道内的流速范围为0.05～0.50 m/s。19条试验鱼成功上溯至1号流道，3条试验鱼成功上溯至2号流道。试验鱼成功上溯的过程中所经过的流速区间为0.10～0.45 m/s，紊动能区间为0.000 4～0.001 8 m²/s²。由对应的上溯路径和流场叠加图可知，大部分试验鱼上溯时所经过的流速区间为0.2～0.4 m/s。当经过0.40～0.45 m/s的流速区间时，试验鱼会采用冲刺的方式快速穿过此区域进入流速较小的区域。

在工况2-2下，试验流道内的流速范围为0.05～0.60 m/s。16条试验鱼成功上溯至1号流道，6条试验鱼成功上溯至2号流道。试验鱼上溯的过程中所经过的流速区间为0.1～0.6 m/s，紊动能区间为0.000 5～0.002 5 m²/s²。由对应的上溯路径和流场叠加图可知，大部分试验鱼上溯时所经过的流速区间为0.2～0.4 m/s。当经过0.4～0.6 m/s的流速区间时，试验鱼会以冲刺的方式穿过此区域进入流速较小的区域。成功上溯至2号流道的试验鱼有的会绕过高流速区域上溯，有的会冲刺穿过高流速区域上溯。

在工况2-3下，试验流道内的流速范围为0.05～0.75 m/s。16条试验鱼成功上溯至1

号流道，8 条试验鱼成功上溯至 2 号流道。试验鱼上溯的过程中所经过的流速区间为 0.10～0.65 m/s，紊动能区间为 0.000 5～0.004 m²/s²。由对应的上溯路径和流场叠加图可知，大部分试验鱼上溯时所经过的流速区间为 0.2～0.4 m/s。当经过 0.40～0.65 m/s 的流速区间时，试验鱼会以冲刺的方式穿过此区域进入流速较小的区域。大部分成功上溯的试验鱼均是沿着水槽边壁进行上溯的。部分试验鱼在遇到高流速区域时会被冲至下游，然后绕过高流速区域最终上溯成功。

在工况 2-4 下，试验流道内的流速范围为 0.05～0.95 m/s。14 条试验鱼成功上溯至 1 号流道，1 条试验鱼成功上溯至 2 号流道。试验鱼上溯的过程中所经过的流速区间为 0.1～0.8 m/s，紊动能区间为 0.000 5～0.006 5 m²/s²。由对应的上溯路径和流场叠加图可知，大部分试验鱼上溯时所经过的流速区间为 0.2～0.4 m/s。试验鱼在经过高流速区域时会出现长时间的原地摆尾、停滞不前现象，然后以短时间冲刺的方式穿过此区域进入流速较小的区域。大部分成功上溯的试验鱼均是沿着水槽边壁进行上溯的。

在工况 2-5 下，试验流道内的流速范围为 0.10～1.10 m/s。11 条试验鱼成功上溯至 1 号流道，没有试验鱼成功上溯至 2 号流道。试验鱼上溯的过程中所经过的流速区间为 0.1～0.9 m/s，紊动能区间为 0.001～0.008 m²/s²。由对应的上溯路径和流场叠加图可知，大部分试验鱼上溯时所经过的流速区间为 0.2～0.5 m/s，且均是沿着水槽边壁上溯的，上溯至 2 号流道出口时遇到高流速区域，以冲刺的方式穿过此区域进入流速较小的 1 号流道。在这种工况下，2 号流道出口处的流速大于 0.6 m/s，超过了试验鱼的游泳能力，致使试验鱼无法成功上溯至 2 号流道。

综上所述，草鱼幼鱼上溯的喜爱流速为 0.2～0.4 m/s。此时，试验鱼不仅能够感应到水流的方向，又不会因水流流速过高、超过了它的游泳能力而上溯失败。这与 9.3 节试验得到的流道进口最佳诱鱼流速范围 0.23～0.39 m/s 十分接近。此外，由试验鱼上溯游泳轨迹与试验流道内紊动能的叠加图可知，试验水槽内，无论两个流道呈何种角度，各流速工况下试验鱼的上溯游泳轨迹和紊动能分布之间的关系并不明显，且三种角度的各流速工况下，试验水槽内部紊动能的最大值为 0.011 m²/s²，由此可知此试验水槽内部属于低紊动能区。由于试验流道内的紊动能过小，所以在本试验中紊动能并不是影响草鱼幼鱼上溯游泳行为的主要因素。研究成果可为集诱鱼流道内的水力设计提供依据，对于坝下鱼类上溯可达区域的确定也具有一定的参考价值。

第10章 光、声、气泡幕等非常规驱/诱鱼技术

10.1 引　言

　　光、声、气泡幕等驱/诱鱼技术在渔业领域已经得到了较为广泛的应用，人们利用鱼类对光、声、气泡幕的行为反应，诱集或驱赶鱼群以提高渔获量。将这些渔业的驱/诱鱼技术移植到过鱼设施的诱鱼、集鱼、导鱼领域，将具有广阔的应用前景。

　　罗会明和郑微云（1979）对石鲷、鳗鲡等小型鱼类对各种有色光的反应进行了试验。目前利用灯光诱捕鱼类在海洋渔业领域已经表现出良好的效果，灯光诱鱼也存在应用于过鱼设施集诱鱼系统上的技术可行性。哥伦比亚河上的邦纳维尔坝第二发电站已经开展了利用灯光引诱鱼类进入旁路集鱼系统的实践工作。研究发现，鱼类对不同光色的喜好因种类而异。近年来，人们对声音对鱼类行为的影响进行了一系列的研究，如张国胜等（2004）研究了声音对黑鲷索饵行为的影响等，而且他们发现不同鱼类对不同声音的反应有正有负。尽管学者开展了一定的探索工作，但目前对不同鱼种对光色、声音的喜好反应及其生理机制还所知甚少。

　　除了灯光诱捕技术，气泡幕在水产养殖行业也得到了一定的应用，如利用气泡幕圈养鱼类、屏蔽和驱离敌害等，因此气泡幕对鱼类的驱导作用在提高集鱼系统进口诱鱼效果上也有一定的应用前景。

　　总体而言，光、声、气泡幕等外界环境因素在对鱼类的吸引/驱离方面表现出了一定的作用，在集鱼系统进口应用方面具有很大的潜力，但这些外界环境因素对鱼类影响的研究还比较薄弱，相关响应机制仍不甚明确，因此，有必要针对过鱼设施集鱼系统开展相关环境因素的驱/诱鱼机理研究，为灯光、气泡幕等驱诱鱼新技术的研发提供理论依据。

　　本章对国内外光、声等非常规诱鱼技术进行了调研，并以草鱼幼鱼为研究对象，初步开展了光、声、气泡幕等驱/诱鱼试验，研究了草鱼幼鱼对光、声等外界环境要素的趋避反应。

10.2　光、声诱鱼机理

10.2.1　灯光诱鱼机理及实践

1. 鱼类对光的行为反应

鱼类视觉器官的构造不同于陆生动物，鱼类的眼球晶体是白色的圆球形，没有弹性，它们眼球晶体的弯曲度不能改变，鱼类的视觉聚焦是依靠眼球晶体的前后移动实现的，因此所有的鱼只能看见较近的物像，在水中视距不超过 15 m。

尽管鱼类视距较短，但鱼类对光照、颜色、物体形状和袭来的渔网都能做出灵敏反应。人们很早就开始研究鱼类对光照的行为反应。20 世纪 50 年代，日本学者就对石鲷、鳗鲡等小型鱼类对各种有色光（白、红、橙、淡紫、绿、青、蓝、紫）的反应进行了试验，结果发现试验鱼对不同颜色的光的喜好因种类而异；20 世纪 80 年代末，Bates（2000）采用水下摄像机观察照度非常低的深水层鱼类的运动情况，发现鱼类出现游动无序的现象，提供照明后鱼群的运动方向立即变得有序，说明光对鱼类定向运动具有重要作用。

研究发现，不同种类的鱼对光的反应各异，大致可以分成如下三种类型。

（1）鱼类对光呈现正反应，即趋光行为。生活在水体上层的鱼类多半具有喜光的习性，如沙丁鱼、青鳞鱼、玉筋鱼、竹刀鱼、鲫、飞鱼等，鱼类捕捞业用光来聚集鱼类就是利用的鱼类的趋光习性。

（2）长期生活在水体底层或黑暗中的鱼类会呈现出厌光的习性，如海鳗、七鳃鳗、泥鳅、北极鳕等，会产生背离光源的运动反应，称为避光行为。

（3）还有一部分鱼类对光线无反应，如鲤、香鱼、鲈、鳝、黑鲷等鱼类的成鱼，对光线并不敏感。

虽然鱼类对光会呈现不同的反应，但并不是每个时期都呈现同样的状态。有些鱼类在索饵、产卵前和越冬时趋光性较强。例如，山东省海洋水产研究所对鲐和青条鱼在不同时期、不同生活阶段对灯光的反应进行了观察，发现鲐索饵期趋光性较强，且喜强光，越冬期次之，进入产卵期则趋光性变弱；而青条鱼在进入产卵场前趋光性最强，邻近产卵场时，趋光性变弱。有些鱼类的成鱼对光没有反应，但其幼鱼却具有趋光性，如鲫、鲤、香鱼、鲈、星鳗、黑鲷等。

2. 灯光诱鱼技术的实践应用

由于部分鱼类具有较强的趋光反应，人们开始研究通过光来引诱鱼群，以辅助渔业捕捞，渔业灯光集鱼技术在公元 8 世纪已经出现。我国在 15 世纪 70 年代，就有了篝火诱鱼的渔业作业方法。20 世纪 30 年代，开始将汽油灯作为工具来诱集鱼类，以提高生产效率，该方法一直沿用到 50 年代才被电灯所替代。

人们通过研究和实践发现，影响光诱集鱼效果的主要因素包括光源强度、灯光颜色、灯具的配置等。由于各种鱼类的生理特点不同，其喜爱的光强和光色也各不相同。只有当水中的光色和照度适宜时，才会引起鱼类的趋光集群反应，当光照度不适宜时，鱼类的趋光性减弱，甚至离开光照区；所以，要获得理想的光诱效果，需要探明不同鱼种及其不同生理发育阶段所喜好的光色和光强，还应了解和掌握鱼类诱集后的行动和稳定性。

渔业上常用的光源有白炽灯、荧光灯、铊铟灯、发光二极管（light emitting diode，LED）灯等（图 10.1）。荧光灯发光效率高、水下传播衰减小，照射范围比白炽灯广；铊铟灯的光线一般为蓝绿色，在诱集喜爱蓝绿色的鱼类方面得到了广泛应用；近年来 LED 灯的应用越来越多，其光强高、消耗能量少、颜色种类较多的特点使其较其他光源显示出明显的优势。

图 10.1　光诱捕鱼作业

10.2.2　声响诱鱼机理及实践

1. 鱼类对声响的行为反应

鱼类的感声器官包括内耳、侧线等，鱼类利用它们综合地感受声波或水体中的振动。内耳能感受 16～1 300 Hz 的振动，能感觉和辨别声波传播方向与振动强度；侧线能感受低频振动，最适宜频率为 50～100 Hz。不同鱼种虽然感声范围和灵敏度各不相同，但也存在一些共同点，如能很快适应高强度声音、对突发性声音比较敏感及对低频（100～800 Hz）比较敏感等。

鱼类对不同频率的声波呈现出不同的行为反应。20 世纪 60 年代，日本有学者以鲹鱼群为研究对象，研究在不同频率的单音情况下鱼类的行为反应，结果表明当单音频率为 300 Hz 时，鲹的反应最强烈，说明鱼类对一定频率的声波比较敏感。此外，有学者发现放声诱鱼使捕捞产量明显增加，说明适宜的声音对鱼类有一定的诱导作用。挪威渔业研究所对鲱用声波进行了驱赶试验，利用电火花爆破声和压缩空气墙发出巨响来驱赶鱼群，发现突发性的巨响会使鱼类加速逃离。由此可见，鱼类对声音既有正反应又有负反应，从鱼类对声响的行为反应来看，主要分为以下三种类型。

（1）鱼类对声响呈现正反应，即游向声源。

（2）鱼类对声响呈现负反应，即游向背离声源的方向。

（3）鱼类对声响无动于衷或起初有所反应但很快适应后无反应。

根据鱼类对声音的敏感程度，可以将鱼类分为三类：对声响特别敏感的鱼类，如雅罗鱼、鲤等鲤科鱼类和西鲱等鲱科鱼类；对声响一般敏感的鱼类，如鲑、海鳟等鲑科鱼类和鲈等鲈科鱼类；对声响基本无反应的鱼类，如比目鱼等。

2. 声响诱鱼或驱鱼技术的实践应用

根据鱼类对声响的不同反应，可以向水下播放人工声响来诱集或驱赶鱼群。诱鱼音源通常为录制或模拟的鱼群游泳声、摄食声；驱鱼音源通常为录制或模拟的鱼类敌害鱼种的叫声、爆破声等。研究发现，影响声响诱鱼或驱鱼效果的主要因素是声音的频率和强度。

目前，声响诱鱼或驱鱼主要应用在捕鱼和水产养殖等方面，诱鱼方法主要有水下音响唤鱼、特定声波诱鱼等，如渔民在捕捞金枪鱼时，通过播放沙丁鱼的录音，引诱金枪鱼来追食，再用渔轮围捕金枪鱼；驱鱼方法主要有利用敌害的叫声或异常声响（如爆破声）驱鱼，如渔民通过播放海豚的游泳声来恫吓乌贼，迫使乌贼成群浮出海面，然后下网捕捞。

随着人们对鱼类趋声、趋光特性了解的深入，声光结合的鱼类诱捕方法正逐步得到应用。人们将声光结合，以特定声波和光波为引诱因素，实现对较远、较深水域鱼类的引诱，刺激并吸引鱼类集中游向捕钓地点，提高渔业单位作业时间的捕获量，具有极高的发展前景。

10.3　光、声、气泡幕等非常规驱/诱鱼技术在
过鱼设施上的应用

目前过鱼设施的诱鱼、集鱼还主要依靠水流诱引技术，相关研究也主要集中在水流诱鱼方面。随着光、声在鱼类诱捕方面的发展，一些学者也开始思考将光、声诱鱼技术应用在过鱼设施的集诱鱼方面。

20 世纪 80 年代末，加拿大弗雷泽河的部分鱼道进行了灯光照明，对鲑在夜间顺利过坝起到了重要作用。之后，有研究者发现，鱼道进口通道的颜色对吸引鱼类也有重要的作用，有些鱼类更喜欢进入黑颜色的通道。人们还利用哥伦比亚河上的鱼道开展了鱼道进口光照试验，发现在水下装设了 150 W 的铊碘化物灯或 500 W 的石英碘化物灯后，鱼道的过鱼数量有所增加。

驱鱼技术多用在下行鱼道上。当鱼类降河时，一般通过设置拦鱼栅，防止鱼类进入溢洪道和水轮机，但该方法投资高，易堵塞，且维护费用较高。与这种机械导鱼方法相比，利用声光刺激（如人工光屏、水下音响等）将鱼类驱离溢洪道和水轮机，是一种安全经济的方法。目前已得到成功应用的是生物音响鱼栅（bio-acoustic fish fence，BAFF），它由气泡幕和音响装置结合而成，其原理就是借助气泡幕形成一堵声墙，利用视觉和声

音的双重刺激起到驱离鱼类的作用。1996 年，苏格兰克莱德河布兰太尔水电站进行了 BAFF 驱鱼试验，BAFF 屏障线长 24 m，装置如图 10.2 所示，在 6 个星期中投放幼鲑共 2 250 尾，BAFF 音响装置运行后，通过水轮机下行的幼鲑数量减少了 70% 以上，显示出良好的驱鱼效果。

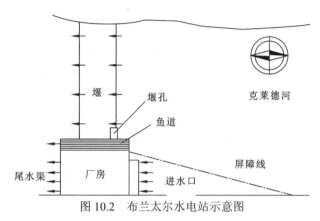

图 10.2　布兰太尔水电站示意图

10.4　试验设计

由于不同的鱼种对不同的灯光、声音等存在不同的反应，所以很难采用一种灯光或声音来进行多种鱼类的诱集。因此，水流诱鱼是过鱼设施集鱼/诱鱼的常规手段，光、声、气泡幕等通常作为水流诱鱼之外的辅助方法。

第 9 章开展了过鱼设施进口水流诱鱼条件研究，针对草鱼幼鱼得到了集诱鱼系统进口的最佳诱鱼流速范围为 0.23～0.39 m/s。本章基于第 9 章集诱鱼系统水流概化模型，在最佳诱鱼水流条件下开展光、声及气泡幕影响下的草鱼幼鱼趋避反应试验。针对 1 号和 2 号流道夹角为 15° 的情况，采用 1 号流道的两个较优的诱鱼水流流速工况，在两个流道的进鱼口布置灯光、声音、气泡幕等设施，研究这些非常规手段对流道进鱼成功率的影响。

10.4.1　光诱试验设计

在水流试验的基础上开展灯光诱鱼试验。Mu 等（2019）曾利用实验室水槽研究了灯光对草鱼幼鱼的影响，试验装置为两个并排的流道，进鱼口的流速均为 0.2 m/s，通过在进鱼口设置蓝、绿、白、红等不同颜色的 LED 灯来研究光色对草鱼幼鱼的影响。试验结果表明，蓝光对草鱼幼鱼有较好的吸引作用，进鱼口设置蓝光时进鱼成功率能达到 60%，而红光对草鱼幼鱼具有明显的驱离作用，进鱼口设置红光时进鱼成功率降至 17%，其他颜色的灯光则对草鱼幼鱼的影响较小。

基于上述已获得的试验结论，本次试验将重点针对蓝光和红光开展试验，研究在诱鱼水流作用下蓝光和红光对试验鱼的影响，以进一步确认这两种光色对草鱼幼鱼的吸引和驱离效应。

LED 灯具有光谱窄、颜色纯、光利用率高、衰减缓慢、穿透能力强、辐射范围广等优点，且在同等频率下比一般的灯耗能少，所以在渔业诱捕上得到了广泛的应用。试验所用灯光设备采用渔业上常见的多功能 LED 水下诱鱼灯，见图 10.3。灯体长 6 cm，近似圆锥体，最粗直径为 1.6 cm，可以设定蓝、绿、白、红四种颜色，灯光照度约为 150 lx，每种光色还可以设定常亮和闪烁，闪烁频率为 4 Hz。另外，每种光色下还可以设定声响功能，即 LED 水下诱鱼灯通过高频振动产生蜂鸣声响。

图 10.3　试验所用 LED 水下诱鱼灯

试验时 LED 水下诱鱼灯放入流道进鱼口内 2 cm 处，置于流道底板中心位置，顺水流方向放置。

10.4.2　气泡幕试验设计

采用常规的水族箱充氧泵实现气泡幕的作用，见图 10.4。气泡幕布置在流道进鱼口内 2 cm 处，横向置于流道底板上，在进鱼口上形成一个气泡屏障。研究诱鱼水流作用下，气泡幕对试验鱼的屏蔽作用。

图 10.4　试验所用气泡幕

10.4.3　试验工况

为了与第 9 章过鱼设施进口水流诱鱼试验的结果进行对比，光、声、气泡幕等非常规诱鱼试验的具体工况见表 10.1。

表 10.1　光、声、气泡幕等非常规诱鱼试验工况

工况	1 号流道流速 /(m/s)	2 号流道流速 /(m/s)	1 号流道非常规诱鱼措施	2 号流道非常规诱鱼措施
3-1			红光	自然光
3-2			气泡幕	自然光
3-3	0.31	0	自然光	蓝光
3-4			自然光	蓝光+闪烁
3-5			自然光	蓝光+蜂鸣声响
3-6	0.20	0.50	气泡幕	自然状态

注：两流道夹角为 15°。

试验方法同第 9 章的水流诱鱼试验，即每种流态工况下，随机选取 10 尾试验鱼开展上溯试验。在正式试验之前，将试验鱼投放至水槽的放鱼区，待试验鱼适应了水流环境，没有明显的变向游动时，开启放鱼区上游的拦鱼网，进入正式试验阶段。试验鱼在水流刺激下开始逆流上溯，记录试验鱼进入上游 1 号或 2 号流道的时间及尾数。试验鱼进入某流道后，及时将其打捞走，以免其返回洄游区影响试验结果。每次试验的最长观察时间取 20 min，当试验时间达到 20 min 时，试验鱼仍未进入上游流道，则认定其无法进入流道。

10.5 非常规诱鱼试验结果分析

10.5.1 光、声试验结果

本节通过在水流诱鱼试验基础上设计非常规诱鱼试验，来研究诱鱼水流条件下，叠加光、声、气泡幕等非常规诱鱼技术，会对流道进鱼成功率产生怎样的影响，从而评价草鱼幼鱼对光、声、气泡幕的趋避反应。

由 9.3.1 小节的试验结果可知，工况 1-4 下，即当 1 号流道进鱼口流速为 0.31 m/s、2 号流道不泄流、两流道夹角为 15° 时，1 号流道的进鱼成功率可达 93.33%，2 号流道的进鱼成功率为 0.00。这说明 1 号流道的水流对草鱼幼鱼表现出极佳的吸引作用，2 号流道由于没有下泄水流，所以没有试验鱼进入 2 号流道。

在上述水流条件的基础上，在 1 号流道进鱼口布置红色 LED 灯，试验结果表明，1 号流道的进鱼成功率由布灯前的 93.33% 降为 23.33%，而 2 号流道的进鱼成功率则由 0.00 提高至 56.67%；在上述水流条件的基础上，在 2 号流道进鱼口布置蓝色 LED 灯，则 1 号流道的进鱼成功率由布灯前的 93.33% 降为 43.33%，而 2 号流道的进鱼成功率则由 0.00 提高至 43.33%。对 2 号流道进鱼口处的蓝色 LED 灯设定闪烁功能，则 1 号流道的进鱼成功率为 56.67%，而 2 号流道的进鱼成功率为 16.67%。对 2 号流道进鱼口处的蓝色 LED 灯设定蜂鸣声响功能，则 1 号流道的进鱼成功率为 66.66%，而 2 号流道的进鱼成功率为 10.00%。具体试验结果见表 10.2。

表 10.2 灯光作用下的流道进鱼成功率

非常规诱鱼措施		水流条件	1 号流道进鱼成功率/%	2 号流道进鱼成功率/%
1 号流道进鱼口	2 号流道进鱼口			
无	无	1 号流道进鱼口流速为 0.31 m/s，2 号流道不泄流，两流道夹角为 15°	93.33	0.00
红色 LED 灯	无		23.33	56.67
无	蓝色 LED 灯		43.33	43.33
无	蓝色 LED 灯+闪烁		56.67	16.67
无	蓝色 LED 灯+蜂鸣声响		66.66	10.00

上述声光试验结果表明：

（1）红光对草鱼幼鱼有非常明显的驱离作用，即使有诱鱼水流的作用，红光也能将 1 号流道的进鱼成功率由 93.33% 降至 23.33%。

（2）蓝光对草鱼幼鱼具有明显的吸引作用，持续的蓝光对草鱼幼鱼的吸引效果要好于闪烁的蓝光。即使没有诱鱼水流作用,持续的蓝光也能将 2 号流道的进鱼成功率由 0.00 提高至 43.33%。

（3）诱鱼灯自带的蜂鸣声响没有表现出对草鱼幼鱼的吸引作用,反而有一定的驱离效果。当 2 号流道进口设置持续蓝光+蜂鸣声响后,2 号流道的进鱼成功率由设定蜂鸣声响前的 43.33% 降至 10.00%,整个试验只有 3 条试验鱼进入了 2 号流道,大多数草鱼幼鱼在蜂鸣声响前表现出犹豫徘徊,甚至逃离的情况。

10.5.2　气泡幕试验结果

以第 9 章水流诱鱼试验中工况 1-4 和工况 2-3 的水流条件为基础,开展气泡幕对草鱼幼鱼上溯行为的试验研究。试验结果见表 10.3。

表 10.3　气泡幕作用下的流道进鱼成功率

非常规诱鱼措施		水流条件	1 号流道进鱼成功率/%	2 号流道进鱼成功率/%
1 号流道进鱼口	2 号流道进鱼口			
无	无	1 号流道进鱼口流速为 0.31 m/s,2 号流道不泄流,两流道夹角为 15°	93.33	0.00
气泡幕	无		46.67	30.00
无	无	1 号流道进鱼口流速为 0.23 m/s,2 号流道进鱼口流速为 0.50 m/s,两流道夹角为 15°	46.67	23.33
气泡幕	无		16.67	50.00

当 1 号流道进鱼口的流速为 0.31 m/s、2 号流道不泄流、两流道夹角为 15° 时,在 1 号流道进鱼口设置气泡幕后,1 号流道的进鱼成功率由未设气泡幕时的 93.33% 降至 46.67%,而 2 号流道的进鱼成功率由 0.00 提高至 30.00%。

当 1 号流道进鱼口的流速为 0.23 m/s、2 号流道进鱼口的流速为 0.50 m/s、两流道夹角为 15° 时,在 1 号流道进鱼口设置气泡幕后,1 号流道的进鱼成功率由未设气泡幕时的 46.67% 降至 16.67%,而 2 号流道的进鱼成功率由 23.33% 提高至 50.00%。

上述试验结果表明,气泡幕对草鱼幼鱼有非常明显的阻隔作用,通过在进鱼成功率较大的 1 号流道进鱼口处布置气泡幕,可使其进鱼成功率下降,从而使得进鱼成功率较小的 2 号流道的进鱼成功率提高。

10.6　讨　　论

　　本章以草鱼幼鱼为研究对象，在水流诱鱼试验的基础上叠加光、声、气泡幕等非常规诱鱼手段，研究了草鱼幼鱼对光、声等外界环境要素的趋避反应。本章的试验结果表明，水流诱鱼仍是过鱼设施集诱鱼的首要技术手段。由于鱼类对水流有着敏锐的感应能力，且不同种类的鱼对水流流速的喜好范围有着比较大的共性，所以目前水流诱鱼仍是各类过鱼设施最主要的诱引手段。由于水电站运行时，厂房尾水会形成量大、稳定的水流，诱使鱼类在尾水处聚集，所以，过鱼设施的主诱鱼口应与厂房尾水衔接，利用诱鱼口提供的不同于厂房尾水的水流信号，使得鱼类进入诱鱼道和集鱼池。

　　灯光、声音诱鱼技术是过鱼设施集诱鱼的重要辅助手段。由于不同的鱼种对不同的灯光、声音存在不同的反应，所以很难采用一种灯光或声音来实现多种鱼类的诱集。当然，对于为某一种珍稀鱼类建设的过坝设施，可以深入开展鱼类对灯光、声音的响应机制研究。

　　利用好水流、光、声、气泡幕，可以实现对过坝鱼类的驱、诱、集、导。将水流和具有诱集作用的光、声布置在集诱鱼系统进口吸引鱼类进入，而将具有驱离作用的光、声或气泡幕布置在尾水区域和集诱鱼系统水流区域之间，可避免洄游鱼类被尾水诱集，能进一步提高过鱼设施的进鱼成功率。对于下行的鱼类，也可以借助具有驱离作用的灯光或气泡幕，阻止鱼类通过水轮机下行，并把鱼引导至下行通道，起到保护鱼类的作用。

参 考 文 献

蔡露, 涂志英, 袁喜, 等, 2012. 鳙幼鱼游泳能力和游泳行为的研究与评价[J]. 长江流域资源与环境, 21(Z2): 89-95.

曹文宣, 2011. 长江鱼类资源的现状与保护对策[J]. 江西水产科技(2): 1-4.

长江水系渔业资源调查协作组, 1900. 长江水系渔业资源[M]. 北京: 海洋出版社.

陈大庆, 吴强, 徐淑英, 等, 2005. 大坝与过鱼设施[C]//2005 水电水力建设项目环境与水生生态保护技术政策研讨会. 北京: 国家环保总局.

陈凯麒, 葛怀凤, 郭军, 等, 2014. 我国过鱼设施现状分析及鱼道适应性管理的关键问题[C]//中国水力发电工程学会环境保护专业委员会流域水电开发与保护技术. 北京: 中国水力发电工程学会环境保护专业委员会.

董志勇, 冯玉平, ALAN E, 2008. 异侧竖缝式鱼道水力特性及放鱼试验研究[J]. 水力发电学报, 27(6): 126-130.

董志勇, 严泽阳, 黄洲, 等, 2021. 异侧缝-孔组合式鱼道水力特性试验研究[J]. 浙江工业大学学报, 49(2): 119-123.

房敏, 蔡露, 高勇, 等, 2013. 温度对鲢幼鱼游泳能力及耗氧率的影响[J]. 水生态学杂志, 34(3): 49-53.

房敏, 蔡露, 高勇, 等, 2014. 运动消耗对草鱼幼鱼游泳能力的影响[J]. 长江流域资源与环境, 23(6): 816-820.

高东红, 刘亚坤, 高梦露, 等, 2015. 三维鱼道水力特性及鱼体行进能力数值模拟研究[J]. 水利与建筑工程学报, 13(2): 103-109.

龚丽, 吴一红, 白音包力皋, 等, 2015. 草鱼幼鱼游泳能力及游泳行为试验研究[J]. 中国水利水电科学研究院学报, 13(3): 211-216.

国际大坝委员会, 2012. 大坝与鱼类: 综述和建议[M]. 王东胜, 陈兴茹, 王秀英, 等, 译. 北京: 中国水利水电出版社.

何平国, WARDLE C S, 1989. 鱼类游泳运动的研究: I、三种海洋鱼类游泳的运动学特性[J]. 青岛海洋大学学报(S2): 111-118.

胡德高, 柯福恩, 张国良, 1983. 葛洲坝下中华鲟产卵情况初步调查及探讨[J]. 淡水渔业(5): 15-18.

胡茂林, 2009. 鄱阳湖湖口水位、水环境特征分析及其对鱼类群落与洄游的影响[D]. 南昌: 南昌大学.

花麒, 吴志强, 胡茂林, 2009. 抚河中游四大家鱼资源现状[J]. 江西水产科技(4): 12-14.

井爱国, 张秀梅, 李文涛, 2005. 花鲈、许氏平鲉游泳能力的初步实验研究[J]. 中国海洋大学学报(自然科学版), 35(6): 973-976.

柯福恩, 1999. 论中华鲟的保护与开发[J]. 淡水渔业(9): 4-7.

刘理东, 何大仁, 1988. 五种淡水鱼对固定气泡幕反应初探[J]. 厦门大学学报(2): 214-219.

罗会明, 郑微云, 1979. 鳗鲡幼鱼对颜色光的趋光反应[J]. 淡水渔业(8): 9-16.

祁昌军, 曹晓红, 温静雅, 等, 2017. 我国鱼道建设的实践与问题研究[J]. 环境保护, 45(6): 47-51.

石小涛, 陈求稳, 刘德富, 等, 2012. 胭脂鱼幼鱼的临界游泳速度[J]. 水生生物学报, 36 (1): 133-136.

石小涛, 胡运燊, 王博, 等, 2014. 运用免费计算机软件 SwisTrack 分析鲢幼鱼游泳行为[J]. 水生生物学报, 1(3): 588-591.

水利部交通部南京水利科学研究所, 电力工业部华东勘测设计院, 江苏省淡水水产研究所, 1982. 鱼道[M]. 北京: 电力工业出版社.

谭均军, 高柱, 戴会超, 等, 2017. 竖缝式鱼道水力特性与鱼类运动特性相关性分析[J]. 水利学报, 48(8): 924-932.

汤新武, 2015. 鱼类过闸的水动力影响机理及模拟[D]. 宜昌: 三峡大学.

万中, 罗汉, 2000. 鱼类资源合理利用的数学模型[J]. 内陆水产(9): 6-7.

王得祥, 2007. 水流紊动对鱼类影响实验研究[D]. 南京: 河海大学.

王岐山, 1987. 巢湖鱼类区系研究[J]. 安徽大学学报(自然科学版), 2: 70-78.

王兴勇, 郭军, 2005. 国内外鱼道研究与建设[J]. 中国水利水电科学研究院学报, 3(3): 222-227.

吴冠豪, 曾理江, 2007. 用于自由游动鱼三维测量的视频跟踪方法[J]. 中国科学: 物理学 力学 天文学, 37(6): 760-766.

鲜雪梅, 曹振东, 付世建, 2010. 4 种幼鱼临界游泳速度和运动耐受时间的比较[J]. 重庆师范大学学报 (自然科学版), 27(4): 16-20.

熊锋, 2015. 增强船闸过鱼能力的水流诱鱼试验研究及数值模拟[D]. 宜昌: 三峡大学.

徐革锋, 尹家胜, 韩英, 等, 2015. 不同适应条件对细鳞鲑幼鱼游泳能力的影响[J]. 生态学报, 35(6): 1938-1946.

徐盼麟, 韩军, 童剑锋, 2012. 基于单摄像机视频的鱼类三维自动跟踪方法初探[J]. 水产学报, 36(4): 623-628.

易伯鲁, 1982. 关于葛洲坝工程不必附建过鱼设施的意见[J]. 水库渔业(1): 4-9.

杨宇, 高勇, 韩昌海, 等, 2013. 鱼类水力学试验研究进展[J]. 水生态学杂志, 34(4): 70-75.

尹章昭, 2016. 竖缝式鱼道内草鱼幼鱼上溯轨迹与水力学因子相关性研究分析[D]. 宜昌: 三峡大学.

余志堂, 许蕴玕, 周春生, 等, 1981. 关于葛洲坝水利枢纽对长江鱼类资源的影响和保护鲟鱼资源的意见[J]. 水库渔业(2): 18-24.

张国胜, 田涛, 许传才, 等, 2004. 利用音响驯化提高黑鲷对饵料的利用率[J]. 大连海洋大学学报, 19(3): 204-207.

张建铭, 吴志强, 胡茂林, 2010. 赣江峡江段四大家鱼资源现状的研究[J]. 水生态学杂志, 3(1): 36-39.

张立仁, 乔娟, 任海洋, 等, 2014. 复合式驱鱼系统在水电工程中的应用研究[J]. 人民长江, 45(14): 72-75.

中华人民共和国水利部, 2021. 中国水利统计年鉴 2021[M]. 北京: 水利水电出版社.

AOKI M, YOSHINO T, FUKUI Y, 2009. Flow in the downstream of a fish-way with a priming water and fish behavior to it[J]. Journal of fluid mechanics(28): 485-494.

BAINBRIDGE R, 1958. The speed of swimming of fish as related to size and to the frequency and amplitude of the tail beat[J]. Journal of experimental biology, 35(1): 109-133.

BATES K, 2000. Fishway Guidelines for Washington State[Z]. Washington Department of Fish and Wildlife:

1-32.

BUNT C M, 2001. Fishway entrance modifications enhance fish attraction[J]. Fisheries management and ecology(8): 95-105.

CORNU V, BARAN P, DAMIEN C, et al., 2012. Effects of various configurations of vertical slot fishways on fish behaviour in an experimental flume[C]//9th International Symposium on Ecohydraulics. Vienna.

COUTANT C C, WHITNEY R R, 2000. Fish behavior in relation to passage through hydropower turbines: A review[J]. Transactions of the American fisheries society, 129(2): 351-380.

GEORGE O, SCHUMANN, 1963. Artificial light to attract young perch: A new method of augmenting the food supply of predaceous fish fry in hatcheries[J]. The progressive fish-culturist, 25(4):171-174.

GROVES A B, 1972. Effects of hydraulic shearing actions on juvenile salmon: Summary report[R]. National ocean-ic and atmospheric adm inistration, nationalmarine fisheries service, northwest fisheries center, Seattle.

KANE A S, SALIERNO J D, GIPSON G T, et al., 2004. A video-based movement analysis system to quantify behavioral stress responses of fish[J]. Water research, 38(18): 3993-4001.

KIEFFER J D, 2010. Perspective-exercise in fish: 50+ years and going strong[J]. Comparative biochemistry and physiology part a: Molecular & integrative physiology, 156(2): 163-168.

MALLEN-COOPER M, 1992. Swimming ability of juvenile australian bass, macquaria novemaculeata (steindachner), and juvenile barramundi, lates calcarifer (bloch), in an experimental vertical-slot fishway[J]. Marine and freshwater research, 43(4): 823-833.

MCDERMOT D, ROSE K A, 2000. An individual-based model of lake fish communities: Application to piscivore stocking in Lake Mendota[J]. Ecological modelling, 125(1): 67-102.

MU X P, ZHEN W Y, LI X, et al., 2019. A study of the impact of different flow velocities and light colors at the entrance of a fish collection system on the upstream swimming behavior of juvenile grass carp[J]. Water, 11: W11020322.

MUELLER R P, SIMMONS M A, 2008. Characterization of gatewell orifice lighting at the bonneville dam second powerhouse and compendium of research on light guidance with juvenile salmonids[M]. Richland: Pacific Northwest National Laboratory.

PAGLIANTI A, DOMENICI P, 2006. The effect of size on the timing of visually mediated escape behaviour in staghorn sculpin Leptocottus armatus[J]. Journal of fish biology, 68(4): 1177-1191.

PAVLOV D S, TYURYUKOV S N, 1993. The role of lateral-line organs and equilibrium in the behavior and orientation of the dace, Leuciscus leuciscus, in a turbulent flow[J]. Journal of ichthyology, 33: 45-45.

RANDALL D, BRAUNER C, 1991. Effects of environmental factors on exercise in fish[J]. Journal of experimental biology, 160(2): 113-126.

RAYMOND H L, 1979. Effects of dams and impounds on migrations of juvenile chinook salmon and steelhead from the Snake River, 1966 to 1975[J]. Transactions of the American fisheries society, 108(6): 505-529.

RODRIGUEZ Á, BERMÚDEZ M, RABUÑAL J R, et al., 2010. Optical fish trajectory measurement in fishways through computer vision and artificial neural networks[J]. Journal of computing in civil engineering, 25(4): 291-301.

SCHUMANN, GEORGE O, 1963. Artificial light to attract young perch: A new method of augmenting the food supply of predaceous fish fry in hatcheries[J]. The progressive fish-culturist, 25(4): 171-174.

TURNPENNY A W H, DAVIS M H, FLEMING J M, et al., 1992. Experimental studies relating to the passage of fish and shrimps through tidal power turbines[R]. Marine and freshwater biology, National Power, Southhampton.

VOGEL S, 1996. Life in moving fluids: The physical biology of flow[M]. Princeton: Princeton University Press.

WASSVIK E, ENGSTROM T, 2004. Model test of an efficient fish lock as an entrance to fish ladders at hydropower plants[C]// Proceedings of the Fifth International Symposium on Ecohydraulics. Madrid.